U0333097

非盟会议中心
AFRICAN UNION CONFERENCE CENTER

任力之　主编

中国建筑工业出版社

序
PREFACE

郑时龄
中国科学院院士
意大利罗马大学名誉博士
法国建筑科学院院士
美国建筑师协会荣誉资深会员
同济大学建筑与城市规划学院教授
同济大学建筑与城市空间研究所所长
同济大学学术委员会主任
上海市历史文化风貌区和优秀建筑保护专家委员会主任
上海市规划委员会城市发展战略委员会主任委员
上海市建筑学会名誉理事长

人们对有着三千年文明史的埃塞俄比亚的了解基本上仅仅停留在咖啡，首都亚的斯亚贝巴也许是我们最不熟悉的首都城市之一，我们对非洲联盟（非盟）也远远不及对欧洲联盟（欧盟）的了解。建筑师任力之和他的团队精心设计的非盟会议中心把我们带到了遥远的非洲和这个遥远的国度。这座现代化建筑的方案经过三轮投标，又经过无数次修改设计，经非盟和我国政府双方认同后最终确定，经过五年左右的设计、现场监管和施工建设，于2012年落成，产生了重大的政治影响力，成为“一带一路”建设的先声。

在完完全全陌生的环境设计非盟会议中心，建筑师面临着非凡的挑战，这是对建筑师的职业素养、文化底蕴、设计和协调能力的考验。建筑师对于非盟、对于这座陌生的城市和陌生的文化几乎是从零开始认知，面临着比通常的设计更为艰难的挑战，首要的工作不是设计，也不是通常的收集资料，而是需要研究、需要分析、需要从宏观方面把握、需要形成设计的理念，然后才是设计。西班牙建筑师和理论家曼努埃尔·高萨指出：一名具有创造性的建筑师“把研究凌驾于技艺之上，探索‘事物的性质’而不是学科的语言，吸纳我们这个新太空时代的知识所带来的动力，应用更为‘开放的逻辑’，从而发展出一种全新的先进建筑。”[1]

一名优秀的建筑师需要有首创性、独立性、个体性以及热情、决心和勤奋，这些特质体现在设计过程和最终建成的作品之中。建筑师任力之和他的团队首先着手深入研究，为设计做准备，需要研究这个地区、这个国度、非洲文明、这座城市的气候和环境，需要了解非盟和埃塞俄比亚的历史和文脉，需要研究建筑的任务书，分析基地环境、功能布局和技术的可行性，然后才让理念演化成方案构思。一个优秀的建筑师也是自己方案的批评家，对构思出来的多个方案进行比较和筛选，从而不断完善，臻于完美。

一栋建筑从计划到建成，需要四个方面的共同努力，即业主、建筑师、工程师和建设者，这个项目与一般的建筑不同，它有两个业主——商务部和非盟，又属于涉外工程。需要与非盟方面密切反复沟通，满足对这座建筑的高度期望，不断修改设计以适应非盟方面代表不断变化的新要求。建筑师需要同时扮演民间大使、商人、工程师、社会活动家、艺术家、功能的捍卫者以及经济学家等角色，适应不断深化和变化的任务要求，才能胜任这个任务。非盟会议中心的综合功能是异常复杂的，无异于一座小城市，以大会议厅为核心的建筑需要满足非洲各国的复杂要求。非盟会议中心艰辛的设计过程中，需要面对艺术、流线、功能分区、材料、室内设计、景观、成本控制、现场协调、进度监管和技术问题，还要考虑使用中的特殊情况，只有作为乐队指挥的建筑师自己才心知肚明。设计这样一座建筑是艰难的，为非盟设计甚为艰难，成为非洲的地标建筑尤为艰难，这座建筑的成功也意味着它是同济大学建筑设计研究院和中国建筑师走向世界的重要里程碑。

郑时龄

2018年6月2日

目录
CONTENTS

基本概况
INTRODUCTION

非盟会议中心是中华人民共和国六十年援外史上继坦赞铁路后规模最大、影响力最广的援建项目。项目的受援方非洲联盟（简称“非盟”）是继欧盟之后第二个重要的地区国家联盟，以维护和促进非洲大陆的和平与稳定、实现非洲的发展和复兴为其主要任务。

作为非盟的新总部大楼，具有办公、会议、接待、媒体发布、医疗急救等多项功能，需要达到与联合国、欧盟等国际组织相一致的使用标准及要求。非盟会议中心建成后在国内外均引起较大反响，成为中国援外史上里程碑式的建筑。

1 东立面鸟瞰

2 区域卫星图

源起

非盟会议中心项目是2006年11月中非合作论坛北京峰会期间宣布的中国政府促进中非务实合作“八项举措”之一，受到了中国政府和非盟各国的高度关注，表达了中国支持非洲国家联合自强和一体化进程的一贯立场。

2007年，商务部组织了30多家设计公司参加非盟会议中心项目方案设计竞赛，经过三轮投标，由同济大学建筑设计研究院总建筑师任力之领衔的团队提交的方案脱颖而出，获得中国政府与非盟的共同认可，最终中标成为实施方案。项目自2007年初设计竞标至2011年12月项目竣工落成历时5年，同济大学建筑设计研究院承担本工程的设计总承包工作，工作范围涵盖土建、室内、景观、幕墙、声学、灯光、家具选配等各个专业全过程、全方位把控，真正属于设计“交钥匙”工程。2012年1月28日，非盟会议中心落成典礼仪式在非盟总部所在地埃塞俄比亚首都亚的斯亚贝巴举行，一幢功能先进、外观极具震撼力的办公和会议中心矗立在东非高原上，成为非洲大陆的建筑新地标。

1　原非盟总部办公及会议设施

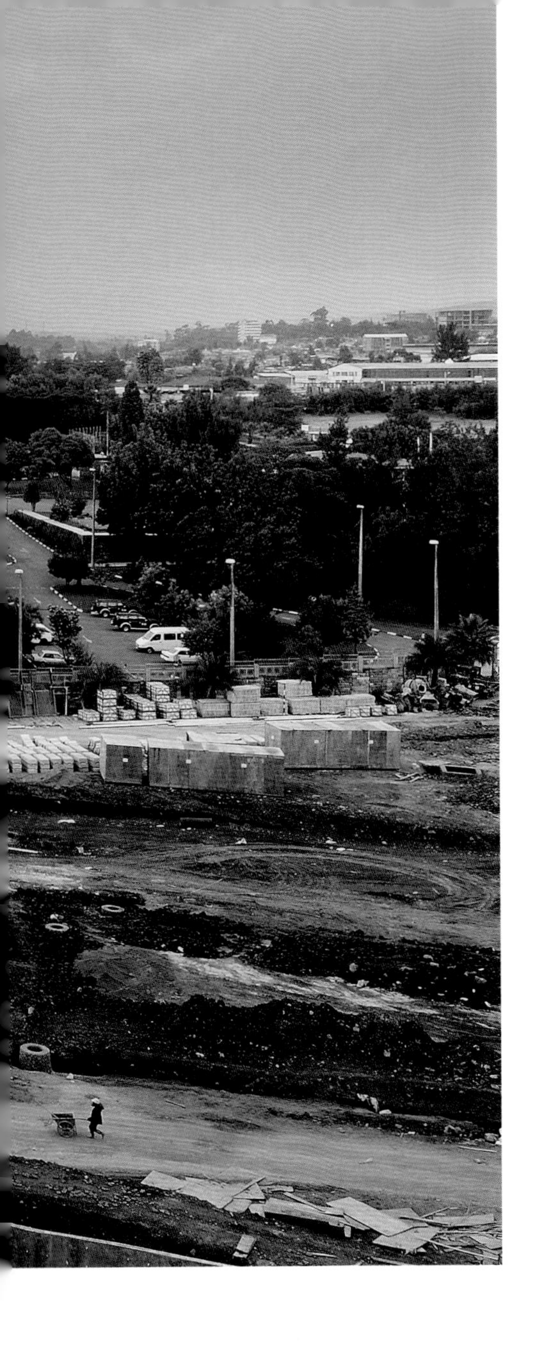

解读非洲，重建希望

非洲被认为是人类祖先和人类文明最早起源的地方。由于种族冲突、疾病丛生、工业化引发的环境破坏等原因，使非洲成为发展中国家最集中、世界经济发展水平最低的洲。非洲现有约 10 亿人口，全非洲一年的贸易总额仅占全世界的 1.5%。[2]

成立于 1963 年 5 月 25 日的非洲统一组织（简称“非统组织”），后改称非洲联盟（African Union—AU，简称“非盟”），是集政治、经济、军事等为一体的全洲性政治实体，总部设在埃塞俄比亚首都亚的斯亚贝巴。

非盟的主要任务是维护和促进非洲大陆的和平与稳定，推行改革和减贫战略，实现非洲的发展与复兴。非盟致力于建设一个团结合作的非洲，力争各成员国在重大国际事务中能够用一个声音说话。该组织还积极落实 2001 年发起的非洲发展新伙伴计划，推动各成员国加强基础设施建设、吸引和争取外资及援助，以促进非洲大陆经济一体化。

中国同非盟保持着友好往来和良好合作关系，并向其提供了力所能及的援助。作为重要的国际组织，非盟每年召开两次峰会，但受限于没有举办大型国际会议的场所，只能每年向联合国非洲经济委员会租借会场。

中国政府把握时机，决定援建非盟会议中心，作为中国政府和人民向非洲大陆赠送的一份厚礼，以此加强中非友谊，提升中国在非洲的影响力，这在政治、经济和外交上都不失为一项明智之举。

埃塞俄比亚概况

埃塞俄比亚联邦民主共和国（The Federal Democratic Republic of Ethiopia）位于非洲东部，东接吉布提和索马里，南邻肯尼亚，西靠苏丹，北濒厄立特里亚。国土面积 110 万 km^2，人口 1.05 亿。[3] 1970 年 11 月 24 日与我国建交。

埃塞俄比亚具有 3000 多年的古老历史，拥有 80 多个民族。居民中约 45% 信奉伊斯兰教，约 40% 信奉埃塞正教，其余还有原始宗教和犹太教。国语为阿姆哈拉语，通用英语。

埃塞俄比亚国土以山地为主体，大部分属埃塞俄比亚高原，素有“非洲屋脊”之称，沙漠占全国面积的 25%。虽然离赤道很近，但受海拔高度的影响，各地气温相差较大，气候宜人，尤其是人口主要聚居的中部高地，年平均温度为 16℃。

埃塞俄比亚经济以农牧业为主，工业基础薄弱。现代化工业处于萌芽状态，主要工业产品均靠国外进口，农畜产品加工业是埃塞俄比亚的主要工业。埃塞俄比亚旅游资源丰富，文物古迹和野生动物公园较多。公路运输是国内的主要交通运输方式。

首都亚的斯亚贝巴是非盟委员会、联合国非洲经济委员会和其他国际机构所在地，地处全国中部，海拔 2300m 至 2500m 不等，是非洲海拔最高的城市。亚的斯亚贝巴市区依山势起伏而建，自然形成上半城和下半城，上半城建有总理府、大教堂、亚的斯亚贝巴大学、政府部门和商业区皮亚撒，下半城建有一些高层建筑，包括多数政府部门和非盟总部等。

建设用地概况

项目建设场地位于亚的斯亚贝巴南部，距市中心 10km，距机场约 6~7km。建设用地呈不规则多边形，北高南低，高差约 17m，东高西低，最大高差约为 13m。周边建筑环境相对城市中心区域形象鲜明的城市公建集群而言较为凌乱。

地块东侧道路宽 30m，连接城市中心，是规划中的城市主要道路；地块西侧紧临原非盟总部用地，原非盟办公及会议中心建筑正面朝向建设场地，与地块之间有一条 20m 宽的内部道路；地块南侧目前为建设中的非盟酒店；地块北侧局部与 20m 宽城市道路相邻。

东侧与北侧道路成为地块主要的城市接口，西侧道路成为新旧非盟建筑间内部联系主要道路，同时原非盟建筑本身所具有的对称性为不规则的地块形状定义了一定的方向性。

1 原始场地鸟瞰
2-4 原始场地实景
5 原始场地卫星图

Ethiopian Roads Authority
Roosevelt St
Ras Lulseged St
Mozambique St
Genet Hotel
National Tobacco And Matches Corpation
African Union
Flawrarf Damtew St
Central Venue Hotel
Evangelican Theological College
Seychelles St
Sarbet
Alexander Pushkin St
Idget Cotton Factory
Egypt
Tanzania St

1 3
2

1–3 联合国非洲经济委员会大楼

当地建筑风格

亚的斯亚贝巴城市中很多重要的近现代建筑由欧洲建筑师设计，在建筑风格上能感受到欧洲现代建筑思潮的影响。

总体而言，城市的公共建筑以多层为主，有少量高层建筑，比较著名的有：总统府、总理府、联合国非洲经济委员会办公楼等政府或国际组织办公建筑，埃塞俄比亚国家图书馆、埃塞俄比亚人类学博物馆（前身是埃塞俄比亚皇宫）、亚的斯亚贝巴博物馆、埃塞俄比亚自然历史博物馆、埃塞俄比亚铁路博物馆和埃塞俄比亚邮政博物馆等文教建筑，圣乔治大教堂、圣三一大教堂等宗教建筑，亚的斯亚贝巴体育场和尼亚拉体育场等体育建筑，博乐国际机场、亚的斯亚贝巴火车站等交通建筑。

የኢትዮጵያ ብሔራዊ ሙዚየም
NATIONAL MUSEUM OF ETHIOPIA

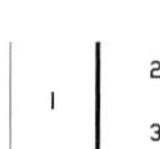

1　埃塞俄比亚国家博物馆

2　埃塞俄比亚航运公司大楼

3　亚的斯亚贝巴用水与污水管理局

原非盟总部办公及会议设施

原非盟总部办公大楼是由埃塞俄比亚政府划拨，将亚的斯亚贝巴南部的一个警察总部大楼改造而成的综合办公会议群体。占地约 7.5hm²，总面积约 2.6 万 m²。

其会议设施——原非盟会议、办公综合楼建成于 2003 年，主要功能为会议设施、主席办公用房及事务办公用房。其总建筑面积约 1 万 m²，造价约 1100 万美元，由尼日利亚的建筑师设计。设有一个大会议厅（457 座）、一个中会议厅（126 座）、一个小会议厅（43 座）和若干间小会议室。其会议空间面积、会议室的数量及座位数量远不能满足非盟峰会的使用需求，峰会期间需向联合国非洲经济委员会租用会议场地。非盟办公用房的面积也不足，为五、六十年前的老建筑改造而成，总办公面积不足 5000m²，空间十分拥挤。会议、办公综合楼的内外装修标准简陋，设施设备陈旧。

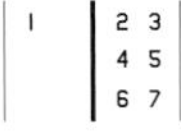

1.6 原非盟总部局部外观
2-5 原非盟总部办公、会议设施
7 原非盟总部外观

竞赛阶段
BIDDING PHASE

AUCC

在三轮设计竞赛中，设计团队深切感受到项目所具有的不同寻常的政治与国际影响力，方案设计数易其稿，考虑到地域文化的巨大差异，设计团队甚至邀请就读同济大学的非洲留学生参与方案讨论，帮助理解非洲民众的美学观与建筑观，启发和调整设计思路。

1 第一轮方案效果图

2 第二轮方案效果图

3 第三轮方案效果图

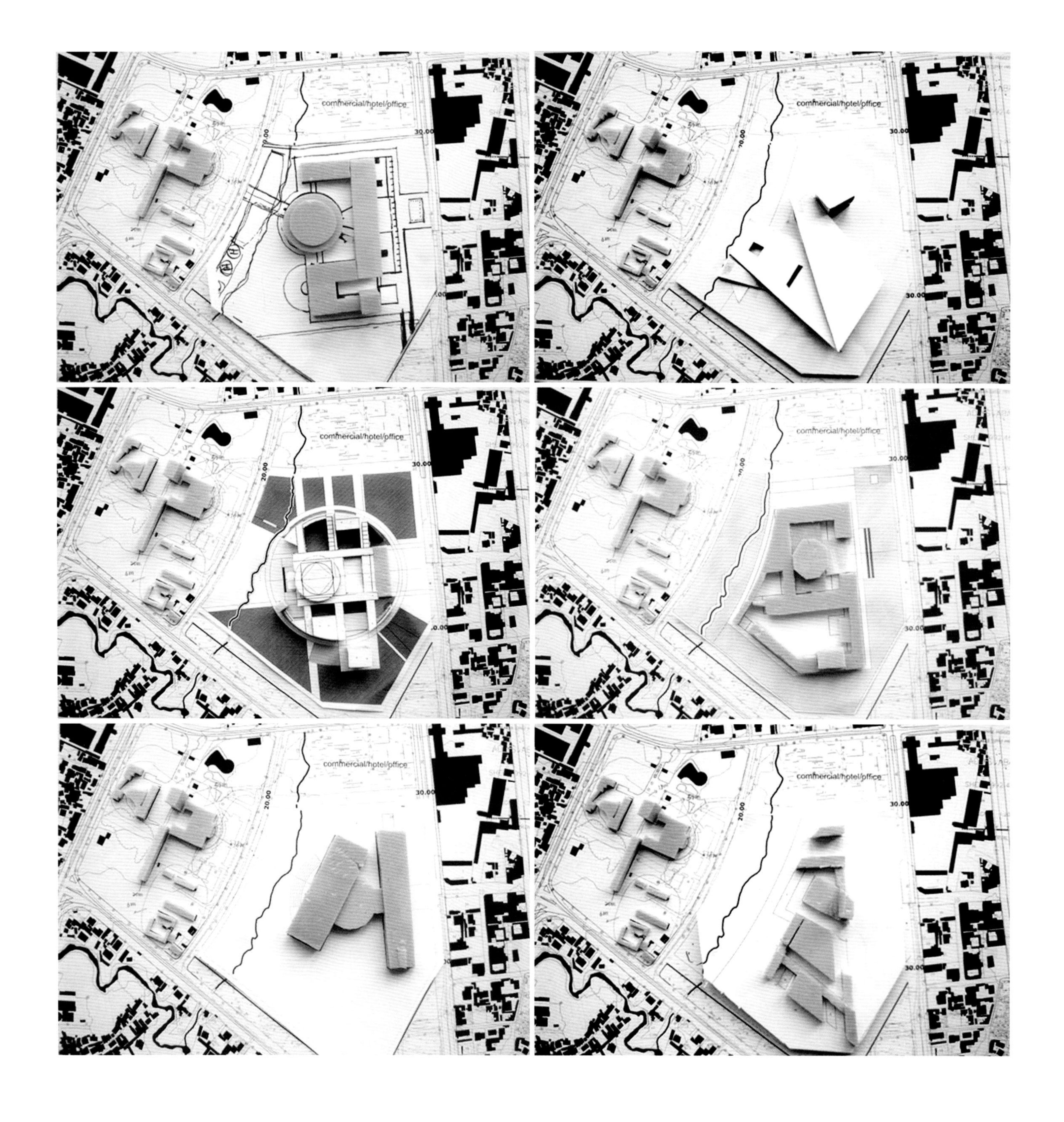

第一轮

方案伊始，设计团队对非洲的文化背景、非盟的角色和作用等方面进行了深入的研究。除此之外，还对当地城市肌理和基地周边环境进行分析，探索不同方向的总体布局模式和建筑体量关系。最终形成以简洁的直线条勾勒出非洲崛起以及非盟作为重要政治平台的建筑意向，并初步展示了对不规则基地边界以及新旧非盟建筑对话等特征关系的思考（如右页右下角模型照片所示）。

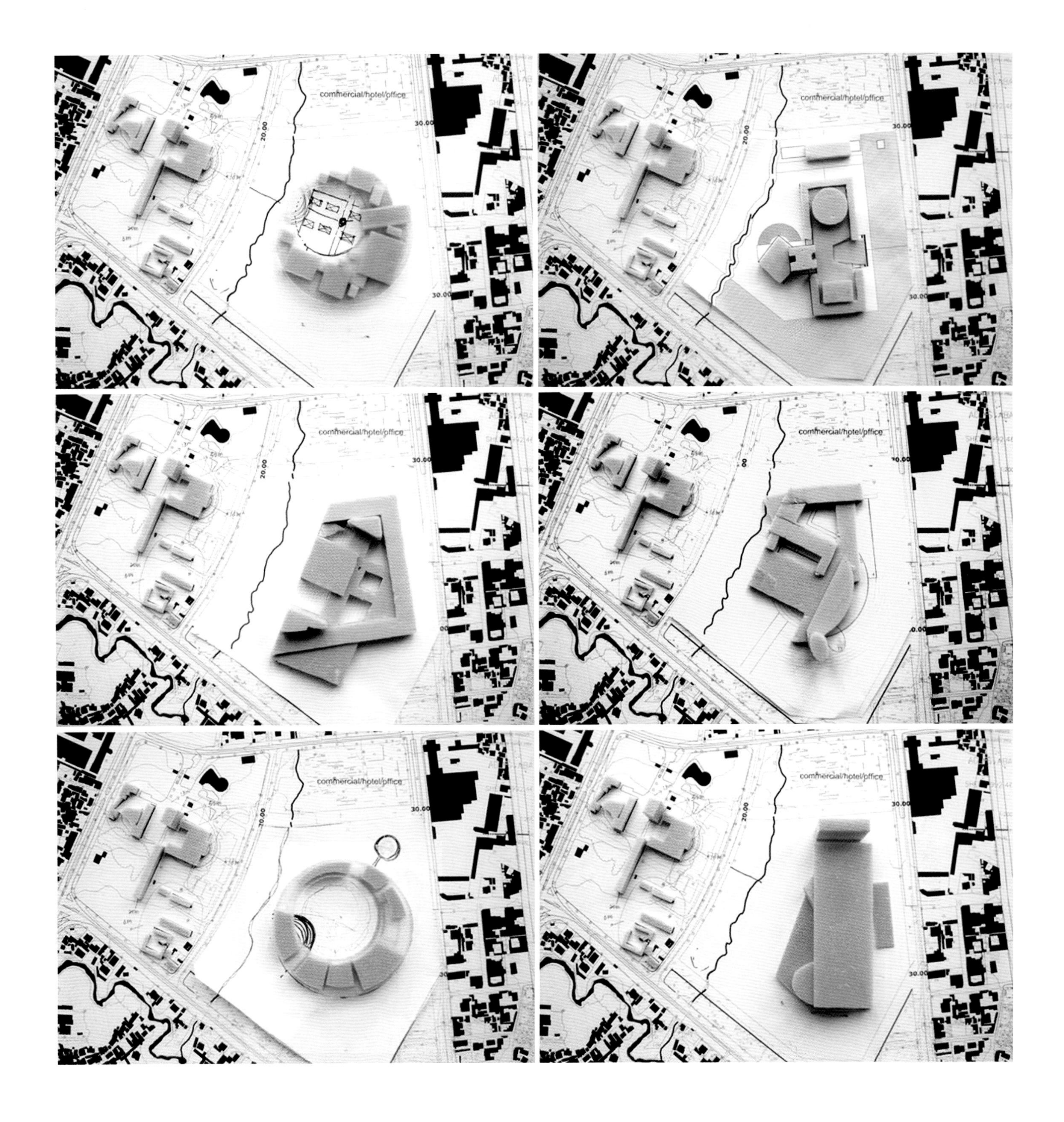
commercial/hotel/office
20.00
30.00

第二轮

在第一轮方案的设计概念基础上，设计团队继续优化和提炼建筑形式，将建筑体量整合成为更加简洁的U型。通过建筑语汇着重展现非盟在非洲团结发展方面的重要作用，同时建筑造型更为简练，更有力度，最终实施的方案雏形已初见端倪。

1 第二轮方案鸟瞰效果图

2 第二轮方案透视效果图

3.4 第二轮方案模型

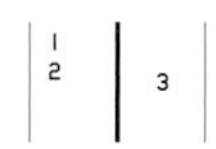

1 第三轮方案鸟瞰效果图

2 第三轮方案透视效果图

3 第三轮方案模型

第三轮

在第三轮方案设计过程中，设计团队邀请了在同济大学就读的非洲留学生参加方案讨论，征求他们对建筑方案的意见和建议，了解非洲民众对建筑形式和色彩的审美偏好。结合对建筑功能与总体关系的进一步理解，对建筑形态进行了具有针对性的调整和优化：在U型底部的水平直线连接中融入弧形元素，大会议厅调整为圆形，寓意非盟组织的凝聚力与辐射力，以轴线转折的方式改善新老非盟大楼的空间对位关系。设计方案至此获得中方与非盟方的一致认可，被确定为中标实施方案。

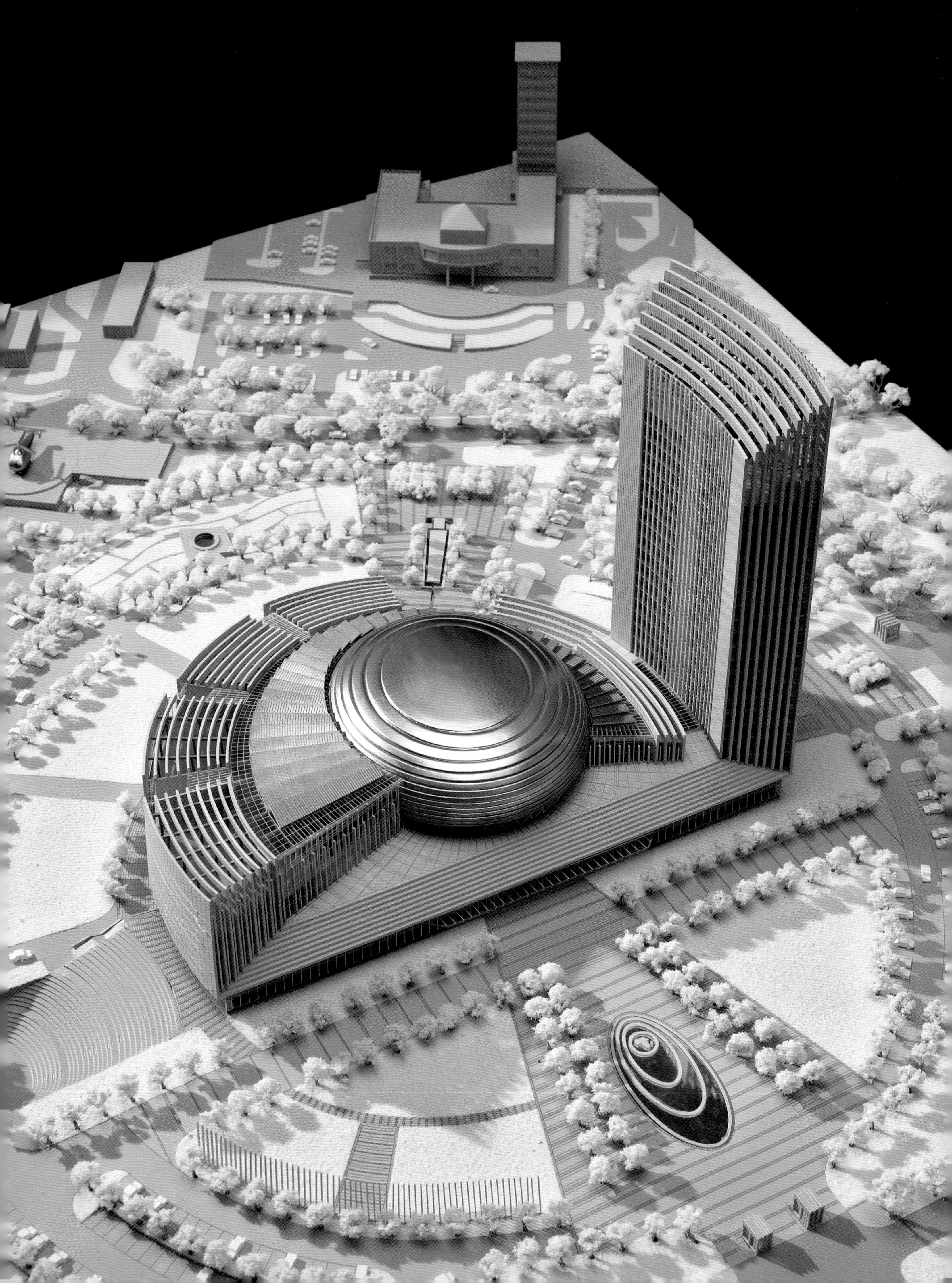

设计阶段
DESIGN PHASE

设计理念及策略

设计方案以U型体量象征“中国与非洲携手，共促非洲大陆的腾飞”[4]，建筑高度99.9m寓意1999年9月9日“非盟日”。除此之外，设计理念还包含以下三方面内容：

一、运用建筑语言表达非盟总部所具有的凝聚力与辐射力，环形大会议厅形态寓意非洲大陆的团结；

二、尊重非洲特有的文化背景与地域审美偏好；

三、以建筑的现代性和技术先进性体现非洲大陆的进步与发展。

非盟会议中心以“前所未有的政治地位和创作难度”[5]反映了中国对外援助建设项目的最高水平，成为矗立在东非高原上的标志性建筑物，更将在倡导“互利、合作、共赢”的新时代，续写中非传统友谊美好的未来。

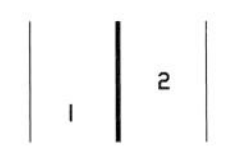

1 设计手稿
2 整体外观

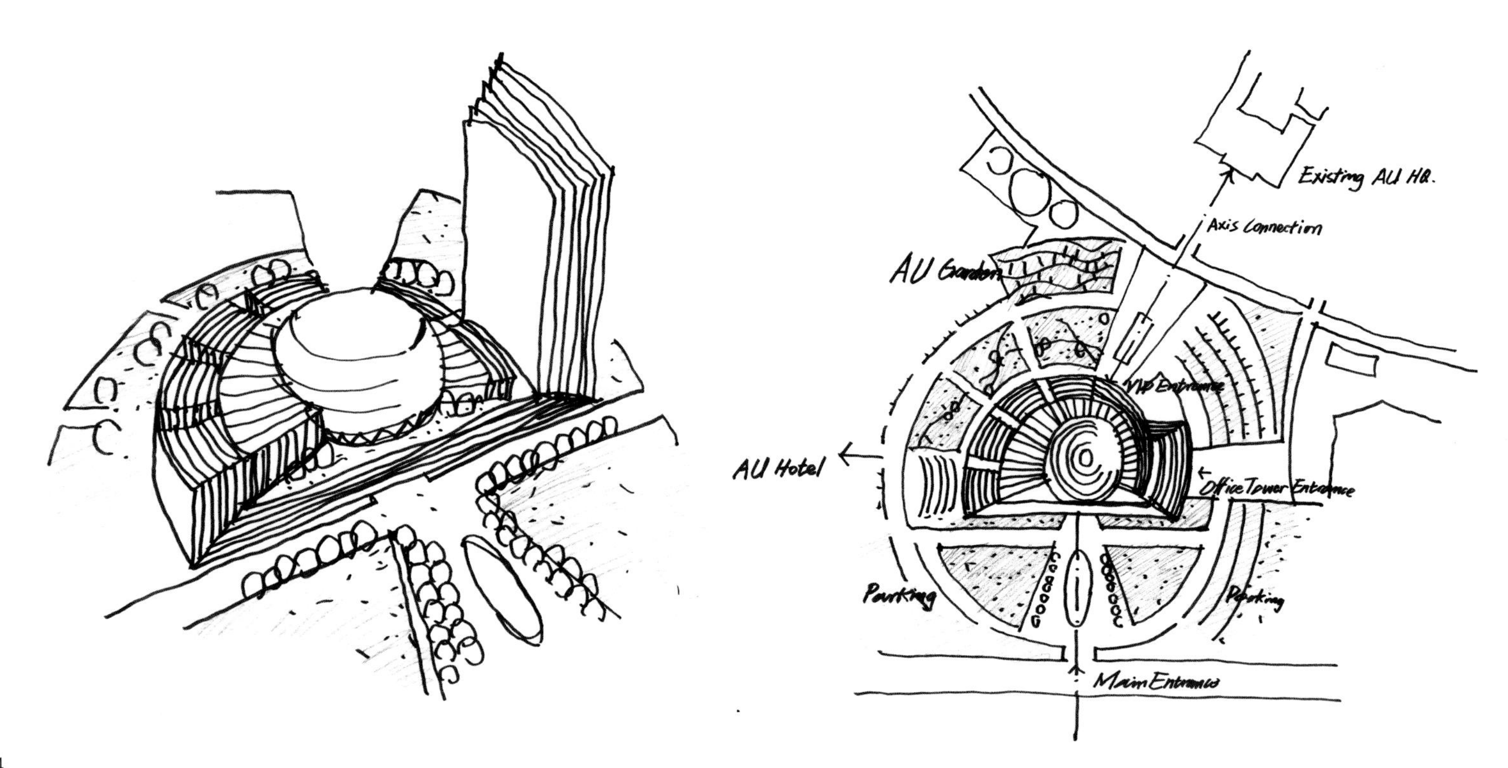

设计策略一：整体·象征

非盟会议中心作为中非友好关系的物质载体，其广泛的政治影响和深远的文化意涵成为建筑设计的内核所在。正如黑格尔在《美学》中所述，建筑应当作为"一种暗示一个有普遍意义的重要思想的象征（符号），一种独立自足的象征"[6]，而探寻这种象征所对应的恰当建筑形式语言与空间感知方式是我们在非盟会议中心设计过程中始终关注并延展的问题。

诚如沃伦·罗宾斯描述的"与其说非洲艺术是一种再现艺术，毋宁说他实际上主要是一种象征的艺术"[7]。这种象征性在非盟会议中心中的体现是内外并重的：建筑形态以2500人大会议厅为中心，呈环抱之势向四周辐射，寓意中非"团结、友谊"及非盟的凝聚力与影响力，并展现非洲崛起的崭新形象；台阶状层层递进的石材基座，呈现一种欢迎的态势，象征非盟以开放、宽容的态度迎接非洲各成员国的加入；弧形板式主楼造型简洁挺拔，立面线条自上而下转折，并与基座相接，一气呵成。

设计策略二：地域·审美

建筑象征符号的运用往往与其地域性不可分，非盟会议中心在功能与意义上的特殊性决定了这一建筑的地域性无法通过简单的符号拼贴与移植得以构建，因此在设计中重新追问更为深层的、多元的地域性显得尤为重要。正如卡尼泽诺认为建筑地域性相关探讨"所显现出来的是对生活中可能性与参与性之间的平衡"[8]，地域性在这里是自然的、文化的，更是根植人本

1 非盟会议中心与原非盟办公会议综合楼

的“开放的地域主义”[9]。

设计团队以更具本土性的艺术认知为出发点，通过与同济大学的非洲留学生交流发现了他们对圆形母题的偏爱以及对建筑新形式、新技术、新材料的浓厚兴趣，结合对“友谊”和“团结”主题的理解使人本化的地域主义观念在建筑中得以表达。

设计策略三：稳妥·先进

低能耗被动式建筑已成为节能建筑设计的发展主流，非盟会议中心同样遵循这一趋势，“超越只以建筑物为视野看问题”[10]，结合当地气候特征，使主要功能空间尽可能实现自然采光、通风，保证空间舒适性并有效降低能耗。同时，通过充分利用太阳能等可再生能源达到提高资源利用率的目的。

此外，非盟会议中心运用BIM技术，建立参数化模型全面控制各类构件的定位与工厂加工、制作。工业化构件加工方式提高了施工精确度并有效控制建设工期，同时开创了我国援外建筑运用BIM技术实现建筑构件工业化生产的先河。

设计策略四：简约·自然

非盟会议中心办公及公共空间均利用自然采光，表现宜人生动的室内空间效果，体现总部及会议中心建筑特有的明朗简约的室内空间氛围。

为表现建筑的时代性与非洲自然朴素的特色，室内材料选择上选取了工厂预制的装饰构件及带有自然纹理的石材和原木饰面，创造了既适合国际组织的空间氛围又反映非洲文化的空间形象。

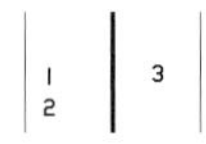

1-3 建筑模型

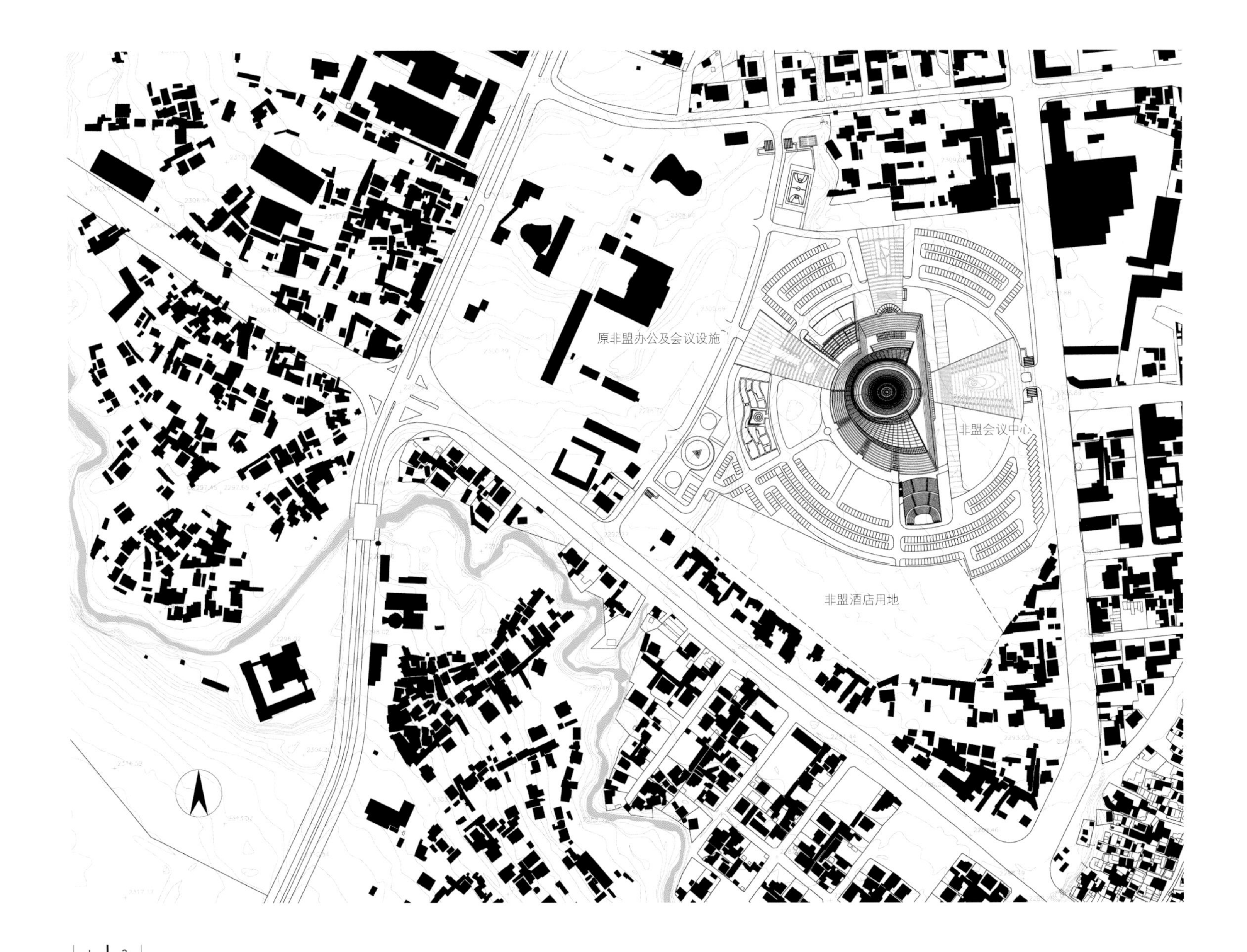

1 区域总平面

2 整体俯瞰

总体布局

非盟会议中心以其所在的城市更新宏观背景作为建筑总体布局的根本性影响因素，这就决定了这一布局的组织应当与城市动态发展趋势相一致。非盟会议中心是其城市系统中“以不同强度首先出现在一些增长点或增长极上”[11]的增长节点之一，这一节点通过全新空间环境的塑造与周边既有低品质空间状况形成较大反差，从而有力带动周边乃至整个城市的秩序梳理与空间发展，并以此为切入点逐步形成新的城市有机整体。

建筑场地总体布局充分考虑到周边现状条件与发展规划，基地内部结合周边环境、非盟现有场地及建筑的轴线关系设置环向道路，并配合多处径向楔形的入口广场设置各主要功能入口。在此基础上，各主要入口区域形成重点景观节点，其分布如下：

1. 会议主入口位于建筑东侧，VIP 入口位于建筑西侧，医疗中心邻近 VIP 入口门厅，办公塔楼位于建筑北侧；

2. 基地内设有主入口广场、办公入口广场、VIP 入口广场；

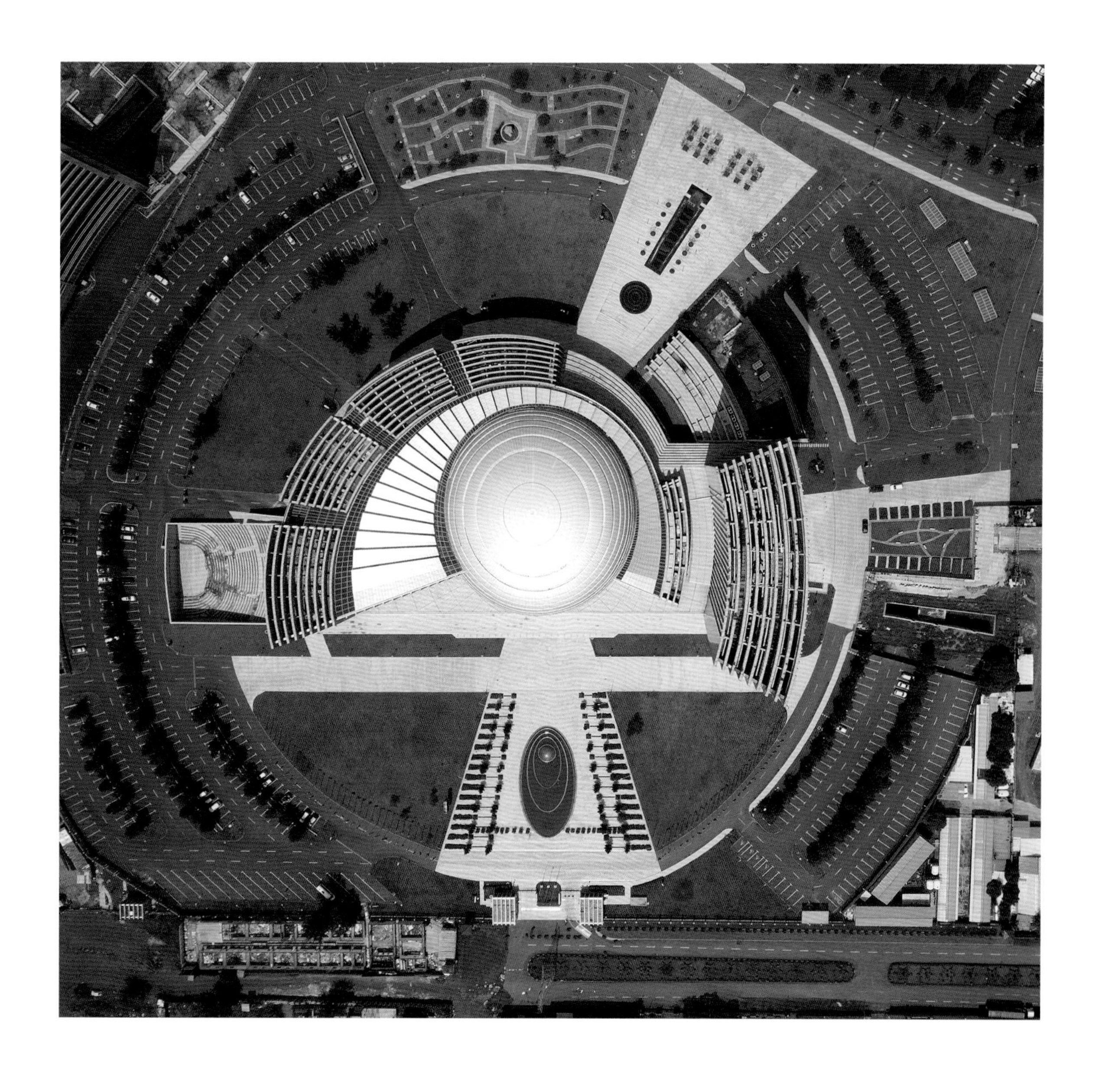

3. 非盟花园位于 VIP 入口广场的南侧，花园内设立了富有中国特色的太湖石，四周环绕着代表非盟各成员国的绿化。在项目落成典礼上，非盟 50 多位国家首脑分别在非盟花园内种下了一棵棵橄榄树，与中国领导人共同见证中非友谊万古长青，成为非盟会议中心的中心景观；

4. 基地的东、南、北侧，均布置有室外停车场地，其中在西侧还布置了直升飞机停机坪等设施；区内道路环建筑一周，除基地东侧设有与城市道路相连的主入口外，基地北侧和南侧另设有一个日常使用的场地出入口以及后勤备用入口；

5. 用地西南端为非盟总部的配套酒店。

总体经济技术指标：

用地面积：110 205m^2

建筑面积：50 537m^2

建筑密度：11.1%

绿化率：38.4%

建筑高度：99.9m

建筑层数：地上 20 层，地下 1 层

I　主入口景观

室外空间节点

1. 主入口广场

主入口广场呈楔形，与平行于建筑东立面的景观主干道直接相连。该区域承担着会议期间人流、车流集散的功能，主广场的形式与结构强化了入口空间的引导性。

非盟各成员国国旗沿主入口广场两侧大草坪的弧形边界展开，烘托出重要国际组织的建筑形象。

2. 非盟花园

非盟花园中心设置太湖石及景观花坛，花园内部设置蜿蜒的小路，并将其划分成53块代表各成员国的绿化草坪。

与基地内其他几何形态较强的入口广场相比，非盟花园更加强调自然的形态。

3. 非盟广场（VIP入口广场）

作为联系新旧非盟办公及会议设施的区域，非盟广场的轴线连接非盟会议中心VIP入口与原非盟会议中心主入口，沿轴线设喷泉水池，在烘托广场庄重气氛的同时亦注入了活跃元素。

4. 露天剧场

露天剧场位于建筑首层的多功能厅南侧，扩充了多功能厅的室外演出功能。剧场与基地内部的主干道直接相连，有利于人流的集散。

5. 办公入口广场

办公入口广场简洁、实用，广场尺度宜人，将目前正在建设中的援非盟总部综合服务中心与办公楼紧密联系。

建筑功能

非盟会议中心内部功能合理、实用，设施完善、舒适，各功能区之间交通便捷、通畅。

地下层

地下层设有 VIP 门厅、紧急医疗中心、多功能厅厨房货运入口、司机与园丁休息、技术中心工作间和设备用房。VIP 门厅设有自动扶梯可到达一层环形中庭，并设有一部 VIP 专用电梯可到达贵宾室。

会议设施

会议设施及辅助区域主要位于裙房的一至四层，裙房的中央为 2500 人大会议厅（曼德拉厅）。环绕大会议厅的是联系各个功能区的环形中庭。

1. 大会议厅

大会议厅位于建筑的核心，会议厅内分设池座和两层楼座，其中池座 980 座、二层楼座 679 座、三层楼座 786 座、主席台 56 座，共计 2501 座。

大会议厅四周设置有贵宾休息室、翻译室、控制室、电视转播、电台播音和其他服务功能。通过外围的走道和跨越中庭的天桥，建筑内部其他功能区均可以方便到达大会议厅。

2. 其他会议与服务设施

多功能厅位于一层裙房的南侧，大厅可以灵活划分以适应不同使用功能。多功能厅可以向室外露天剧场打开。

中会议厅位于一层，共 728 个座席，从一层的环形中庭进入。其中池座 355 座、楼座 342 座、主席台 31 座。会议厅平面呈梯形。

新闻发布室位于一层大会议厅与办公主楼之间。首层还设置提供复印和打印服务的文印中心。

一层夹层、二、三、四层还设置有小会议室和分组会议室。所有这些会议室通过天桥与环绕大会议厅的走廊相连。由于环形中庭空间视野开阔，内部的所有功能区在此尽收眼底。

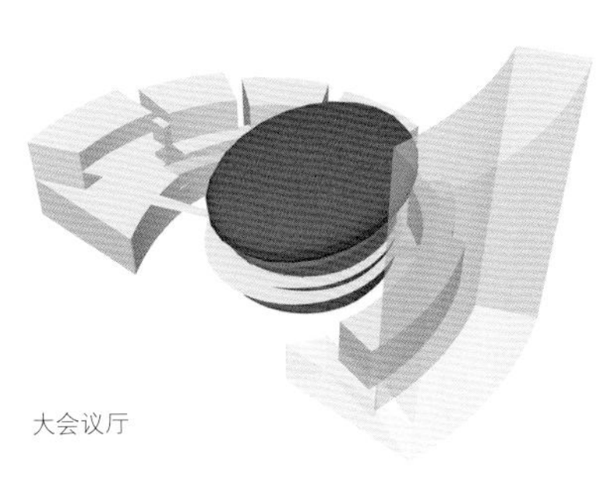
大会议厅

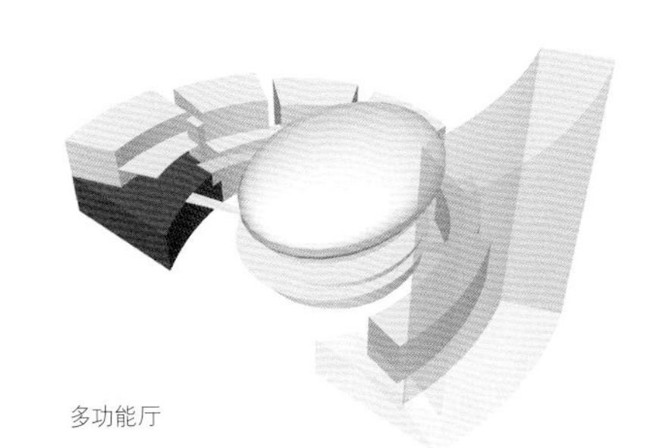
多功能厅

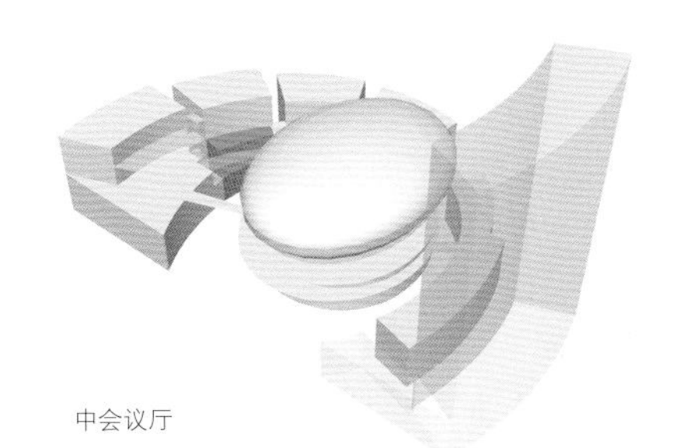
中会议厅

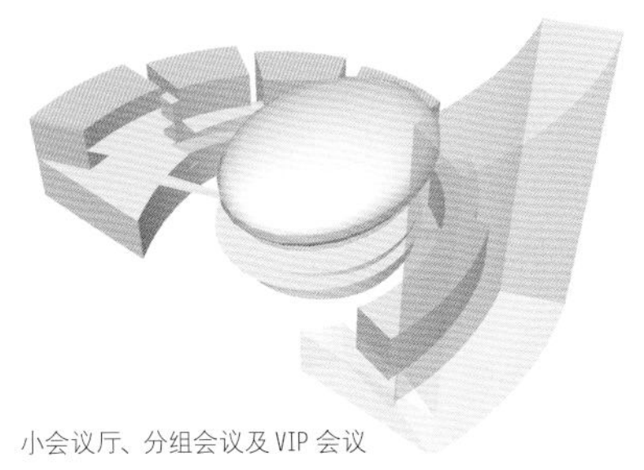
小会议厅、分组会议及 VIP 会议

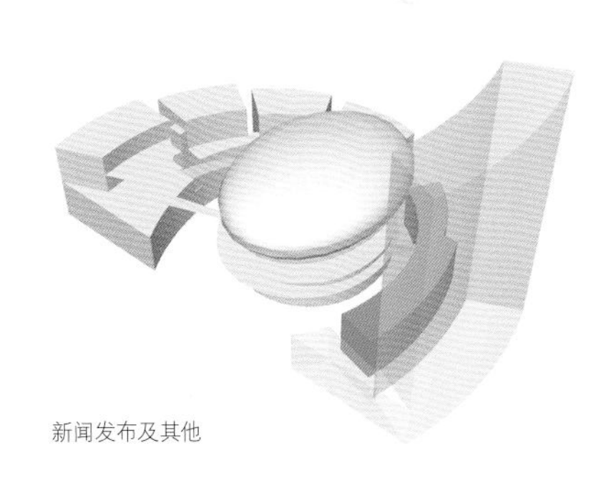
新闻发布及其他

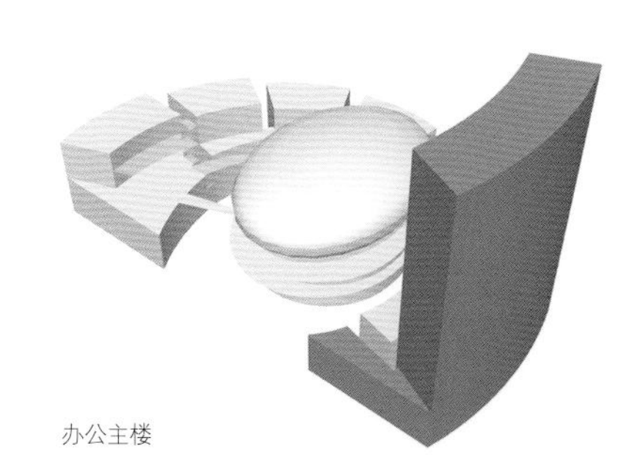
办公主楼

1 功能分析

2 整体鸟瞰

办公主楼

办公主楼位于大会议厅的北侧，有独立的入口门厅，与会议设施相对独立。一层设置有邮局、银行、航空等商务服务功能，一层夹层设置礼宾办公、保安办公室，会议服务位于二、三层，数字图书馆位于四层，培训及职业开发位于五层，六至十七层为一般办公。

主楼平面紧凑合理，中间走道外围办公的布置模式能获得良好的景观，合理的平面设计确保了空间的灵活使用。每两层设有共享中庭，提供了休息交流的场所。

主席办公位于主楼上部，可尽享亚的斯亚贝巴的美景，内设办公、休息、保安、礼宾等候、会客和其他功能用房。

建筑立面

非盟会议中心建筑外立面采用干挂石材幕墙、玻璃幕墙、铝板幕墙，设计运用国内最先进、成熟的幕墙技术。

办公塔楼和会议中心裙楼玻璃幕墙采用中空 LOW-E 钢化玻璃，中庭屋顶玻璃天窗采用中空 LOW-E 钢化夹胶玻璃。

鉴于项目的重要性与当地特殊的暴雨气候条件，针对独特的建筑造型，对于大会议厅屋面及中庭折线屋面的幕墙设计采用了相适应的幕墙系统及材料、构造，以确保防排水效果。大会议厅屋面为椭球形金属屋面，设计选用防水性能好、弯弧容易的直立锁边系统，防水层采用铝镁锰咬合系统，在铝镁锰咬合系统外采用开放式蜂窝铝板做装饰层。中庭折线屋面造型独特，为螺旋状逐级跌落屋面，选用了适应性强的铝单板屋面系统。

“细节决定品质”，设计团队建立了 BIM 模型，对建筑造型形体比例、室内空间尺度、幕墙控制面和划分尺寸、混凝土结构以及钢结构定位进行全面分析和控制，将设计参数要求准确地提交给深化设计和总包单位，保证了项目从设计到实施的完整性和一致性。

为了精确定位控制大会议厅的椭球造型，设计团队通过数学模型与结构分析，将其分解为椭球盖和旋转椭球体，在保证结构合理性的同时，模拟两种曲面的无缝衔接，保证椭球体整体流畅的外观。

办公楼挺拔的竖向线条由上至下，经过基座层层递进的台阶造型贯穿至裙楼并向上折起，线条流畅、一气呵成。设计团队通过三维模型分析，精确定位水平与垂直线条交接点、对位关系和划分尺寸，并选择异形转角石材，最终保证了所有竖向线条和基座台阶的无缝对接。

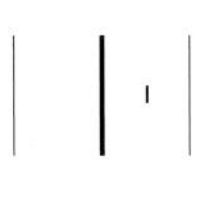

东北侧整体外观夜景

1　办公楼外观夜景
2　大会议厅三层回廊

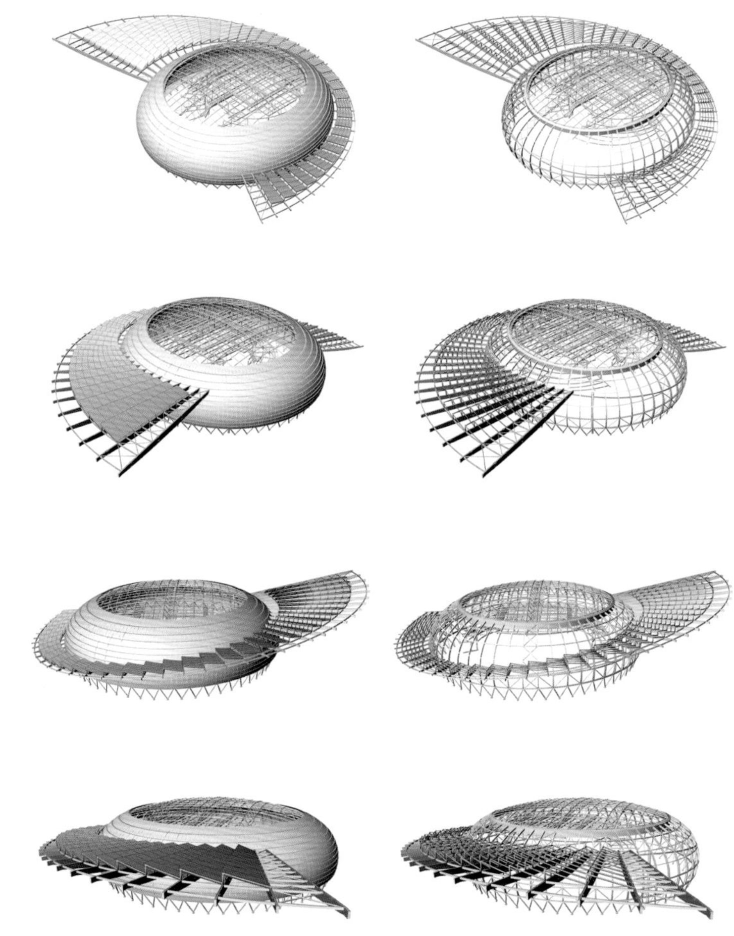

中庭环廊屋面

中庭屋面造型独特，通过由37组折线形金属屋面以及四边形平板玻璃天窗，构成螺旋状逐级跌落的屋面形态，呼应整体建筑造型的向心感，增加了屋面的韵律，完美地实现了建筑造型和内部空间的整体性。

考虑到非盟会议中心项目位于非洲高原，白天日照强烈，采用折线型屋顶面设计，可有效避免太阳直射、防止炫光。同时，充分利用自然采光的均匀性与舒适性，节能环保。

中庭屋面下部主体结构由40榀鱼腹箱形钢梁构成，结构跨度从40m至6m由最大逐渐减小再逐渐增大，断面依据跨度变化设计，实现了结构美学和建筑美学的完美统一。折线断面的上表面外侧选用了适应性强的铝单板屋面系统，其室内侧为铝单板拟合渐变的双曲面，之间为保温层、接露层及支撑龙骨，折线屋面的垂直面为中空LOW-E钢化玻璃天窗。

自然光线顺着折线屋面斜度，由中空LOW-E钢化玻璃垂直面射入室内，经上表面室内侧的双曲面铝单板漫反射进入室内，均匀地照亮了中庭的室内空间。

中庭的屋面整体斜度为屋面排水提供了有利的坡度，中庭折线屋面的逐级相交处考虑屋面排水方向的变换，设计了天沟以避免雨水汇集冲刷胶缝，通过天沟将雨水引向两侧环梁的排水槽排出。

1 中庭屋面鸟瞰

2 中庭屋面三维模型

3 中庭环廊

BRIEFING ROOM 4
BRIEFING ROOM 3

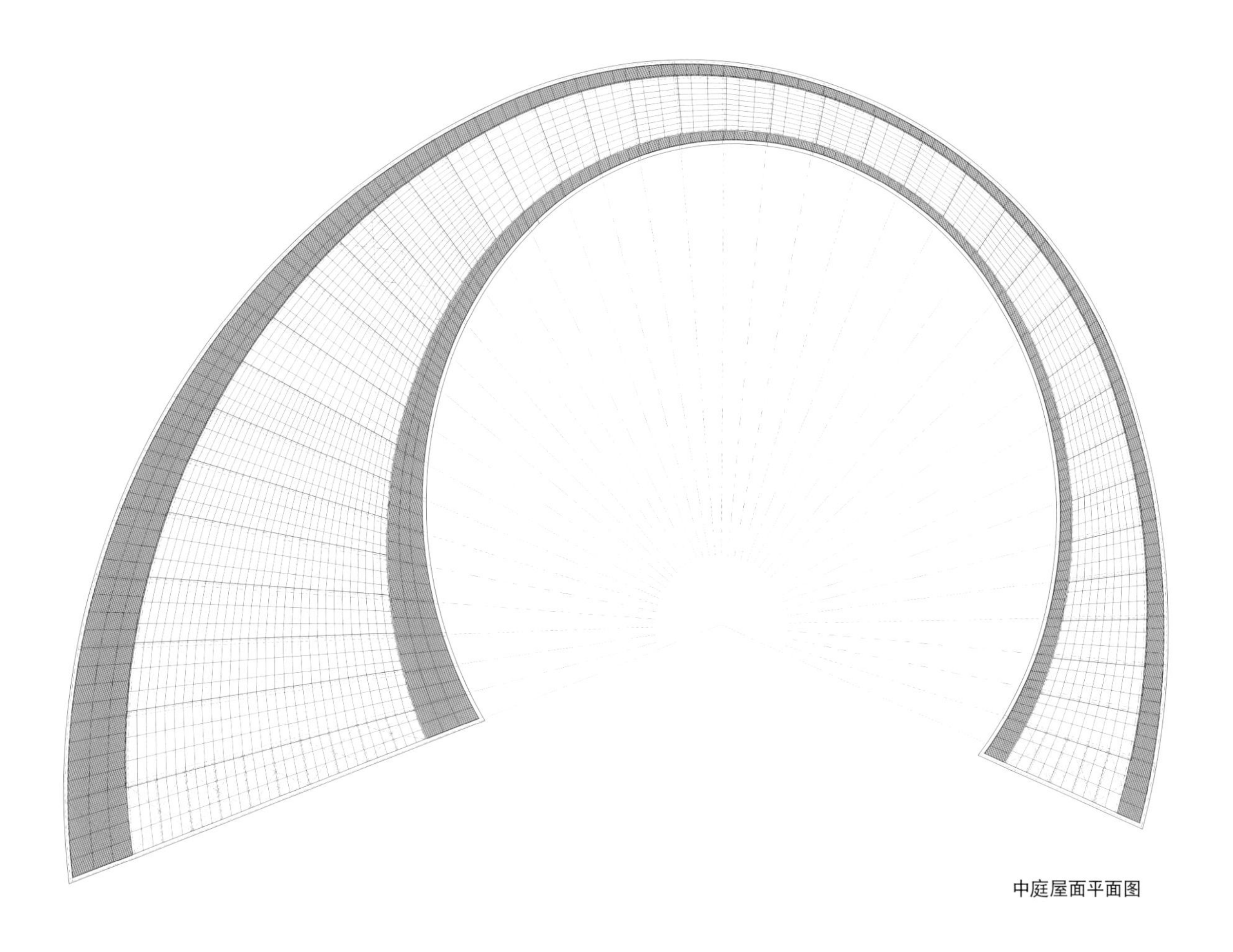

中庭屋面平面图

1.3 中庭屋面细节

2 中庭环廊

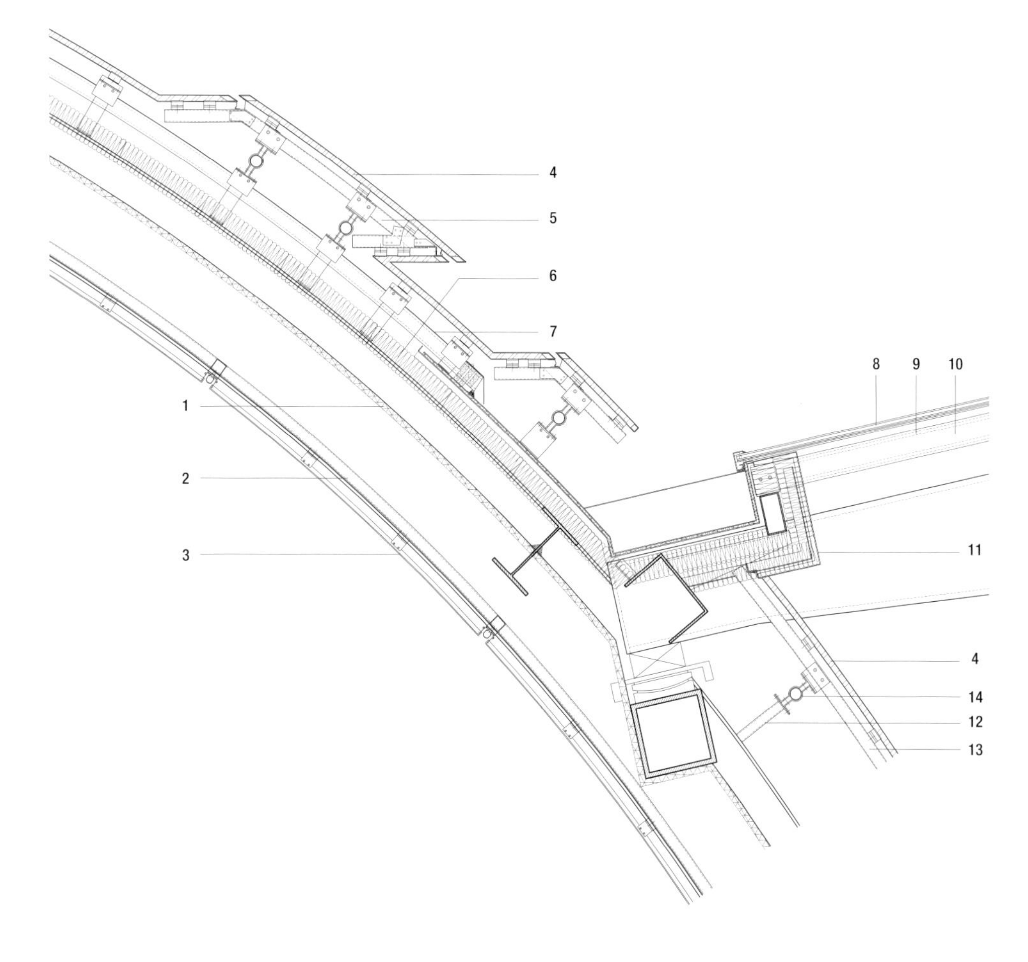

椭球屋面幕墙节点

比例 1:30

1 25mm 厚 K-13 吸声喷涂
2 镀锌方钢管 50x50x4
3 4mm 厚穿孔单层铝板（表面氟碳喷涂）和黑色无纺布
4 25mm 厚蜂窝铝板（表面氟碳喷涂）
5 铝合金方通 50x50x3
6 100mm 厚 100kg/m³ 保温岩棉
7 0.9mm 直立锁边铝镁锰屋面
8 8+12A+6+1.14PVB+6mm 中空 LOW-E 钢化夹胶玻璃
9 H 型钢 90x50x12x8（跨度 >3000mm 加钢芯套）
10 铝合金主梁
11 3mm 厚单层铝板（表面氟碳喷涂）
12 镀锌方钢管 60x40x4
13 铝管 50x50x3
14 不锈钢转接件 -304

折线屋面幕墙节点

比例 1:16

1 次梁镀锌方钢管 60x60x4

2 3mm 厚单层铝板（表面氟碳喷涂）

3 次梁镀锌方钢管 60x40x4

4 主梁镀锌方钢管 90x60x5

5 方钢管

6 100mm 厚 100kg/m³ 保温岩棉

7 镀锌角钢 50x5

8 镀锌槽钢 50x40x3

9 6+12A+6mm 中空 LOW-E 钢化玻璃（部分彩釉）

10 镀锌角钢 L40x5

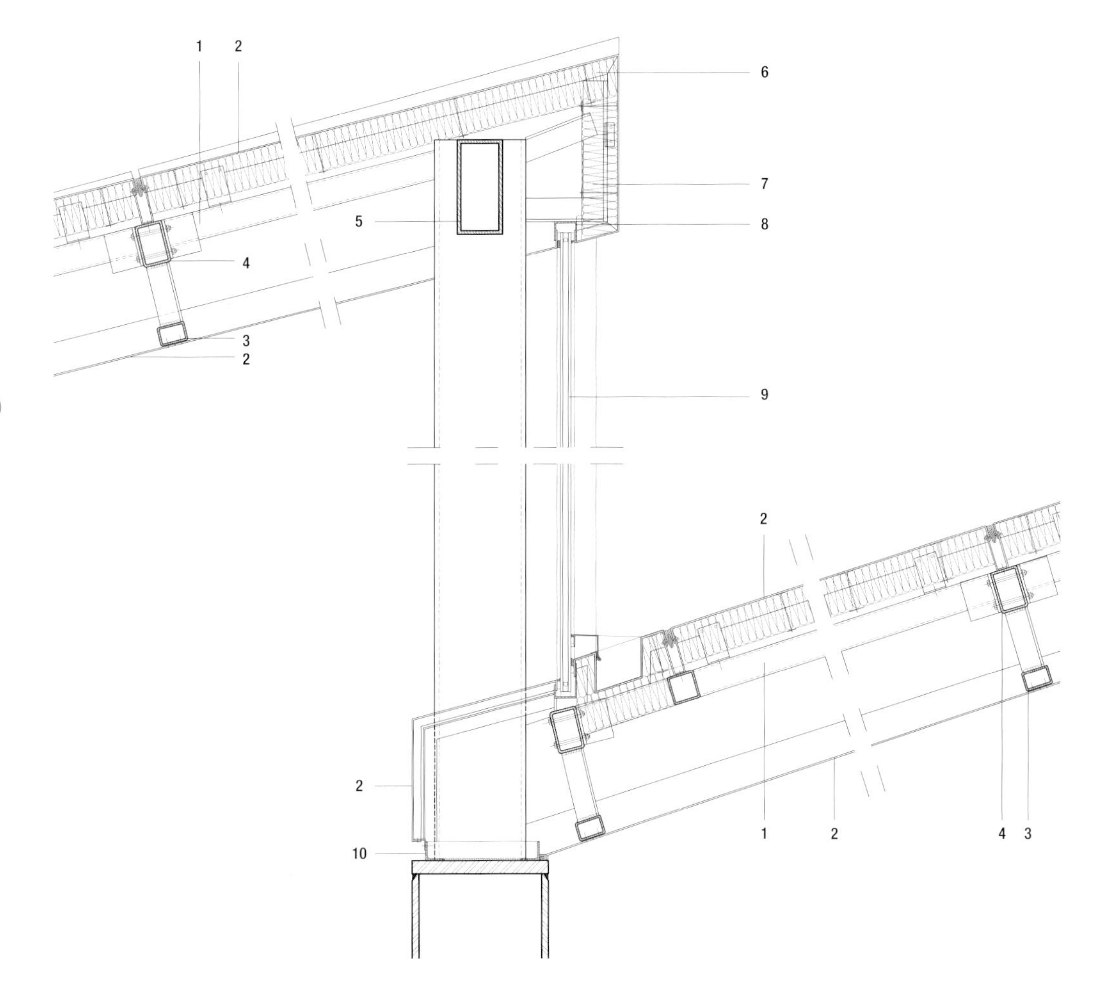

1 椭球屋面

2 折线屋面细节

BRIEFING ROOM 1
BRIEFING ROOM 3

坡屋面幕墙节点

比例 1:12

1 220X80X10X8H 型钢

2 铝合金横梁

3 8+12A+6mm 中空 LOW-E 钢化玻璃

4 3mm 厚单层铝板（表面氟碳喷涂）

5 铝合金竖向装饰条

6 3mm 不锈钢板

7 100mm 厚 100kg/m³ 保温岩棉

8 不锈钢圆管 Φ108x4

9 8mm 不锈钢板（@ 玻璃分格）

10 10mm 厚 K-13 吸声喷涂

11 25mm 厚 K-13 吸声喷涂

12 8+12A+6+1.14PVB+6mm 中空 LOW-E 钢化夹胶玻璃

13 镀锌方钢管 120x80x5

14 H 型钢 90x50x12x8（跨度＞3000mm 加钢芯套）

15 铝合金主梁

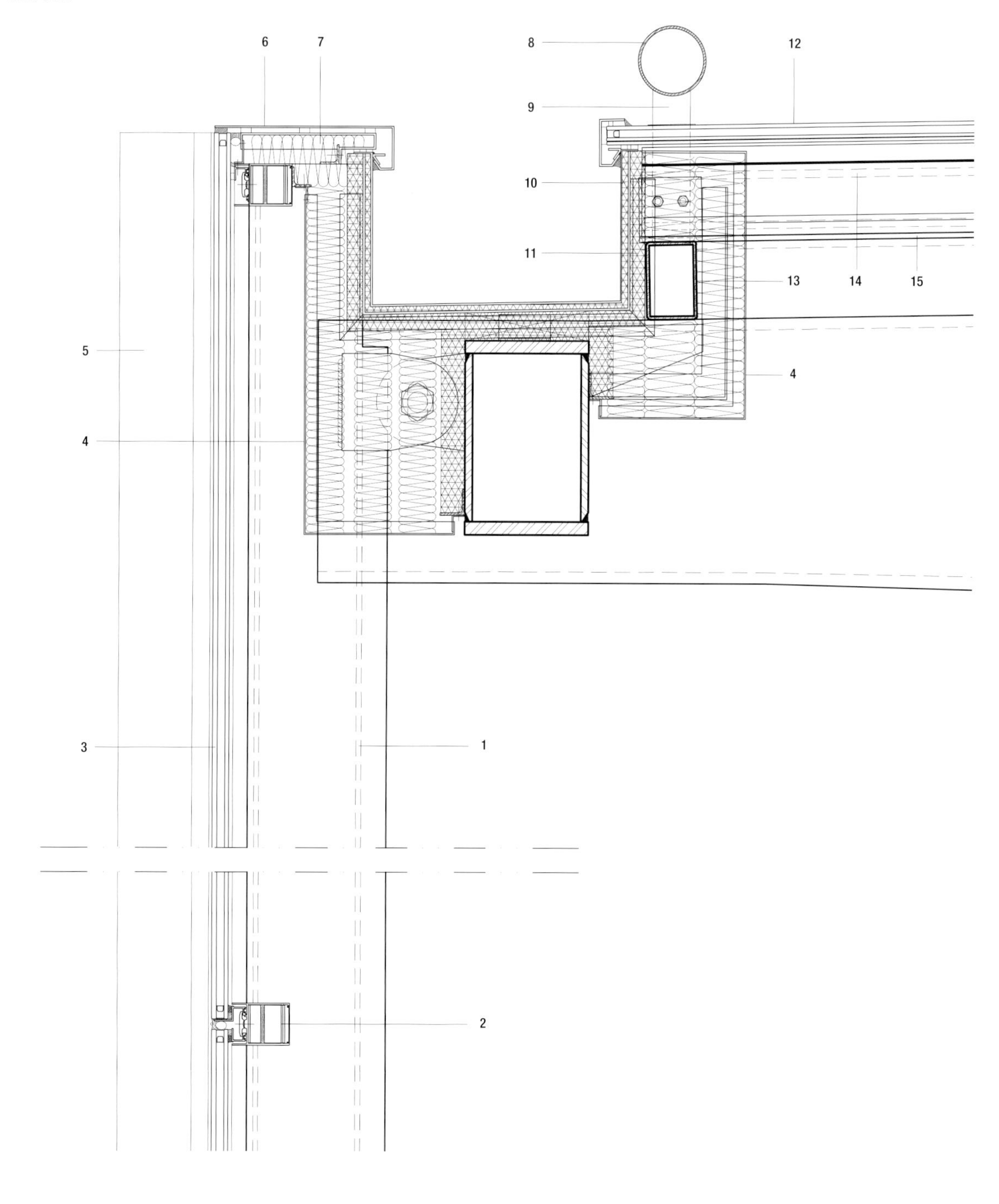

I

I 中庭环廊

室内空间

古老的非洲文明质朴、自然，非盟会议中心室内设计在材料上大量选取带有自然纹理的花岗石、大理石和原木饰材，结合局部玻璃、不锈钢等现代材质的对比，既营造了非盟组织的国际化空间氛围，也凸显了非洲大陆的地域文化特色。

室内设计运用庄重简洁的手法、自由流畅的布局、气势宏大的空间及精致耐用的材料，烘托出非盟这一国际性组织总部建筑简约、明朗、典雅的空间效果。设计团队充分考虑会议配套设施的技术标准（如同声翻译室的国际标准，会议空间的声学、影像、灯光等配套设施要求），并且将这些技术标准和会议厅室内空间完美结合。

室内设计充分考虑了非洲当地的气候以及文化的融合，室内材料选用较多的中高档木材作为装饰，背景墙面为白色大理石。

由于建筑室内空间恢弘高大，材料选择与灯光控制的难度较普通项目高出许多，设计过程中需要不断地研究和协调整合室内设计与幕墙、声学、电声、家具、灯光、标识、电梯等多专业的关系，配合深化单位展开深化设计工作。

非盟会议中心项目的援建性质，以及埃塞俄比亚当地建设资源的匮乏，决定了设计团队必须全程参与设计与施工配合的各个环节：从前期的材料选样封样、配合商检表的材料清单检验放行、重点材料到厂家抽检成品，到在国外施工现场对到岸材料的验货签字。由于项目施工建造周期紧张，设计团队在许多天然材料和成品工业化技术之间进行了工艺优化研究，例如将天然薄木皮粘贴在铝合金方通表面制作木质方梁，极大简缩了现场施工时间，也解决了材料防火、防变形等方面的问题。

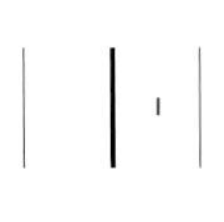

中庭环廊

16
10

2
ARGE CONFERENCE HALL

1.2 中庭环廊

1.2 中庭环廊

LTIPURPOSE HALL

CONFERENCE

室内实景与效果图对比

1 大会议厅实景图

2 大会议厅效果图

1 2

1 中会议厅实景图

2 中会议厅效果图

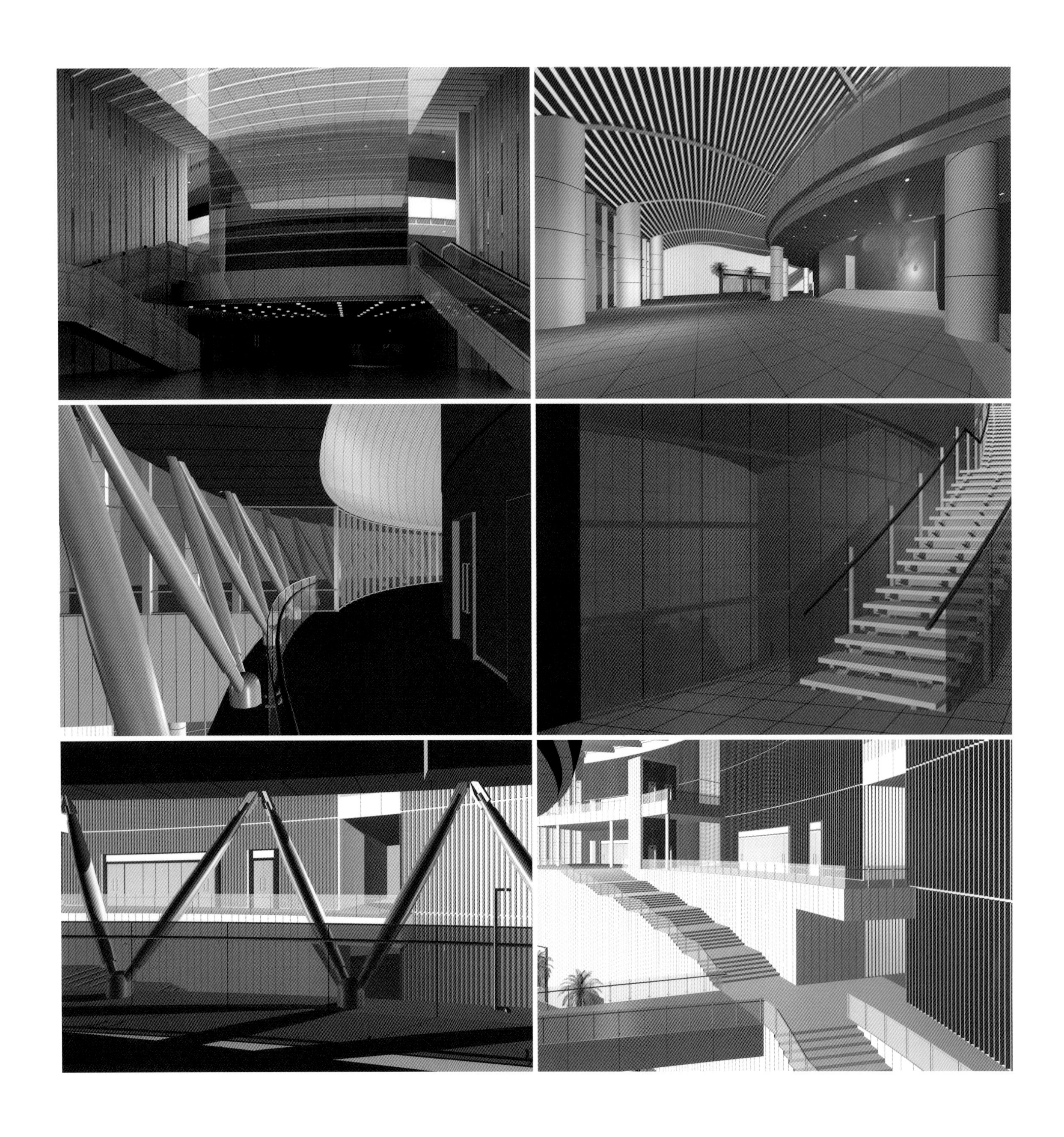

室内设计研究过程

建筑设计、室内设计团队不断地推敲室内和室外空间效果，仅大会议厅和裙楼之间的中庭部位，效果图和研究透视图就达 200 多张。为了进一步核实设计的效果，一些重点部位还制作了 1:1 的实体模型，全面考察材料和细部节点，这使得项目建成后的外观与空间效果达到了与设计阶段效果图的高度一致。

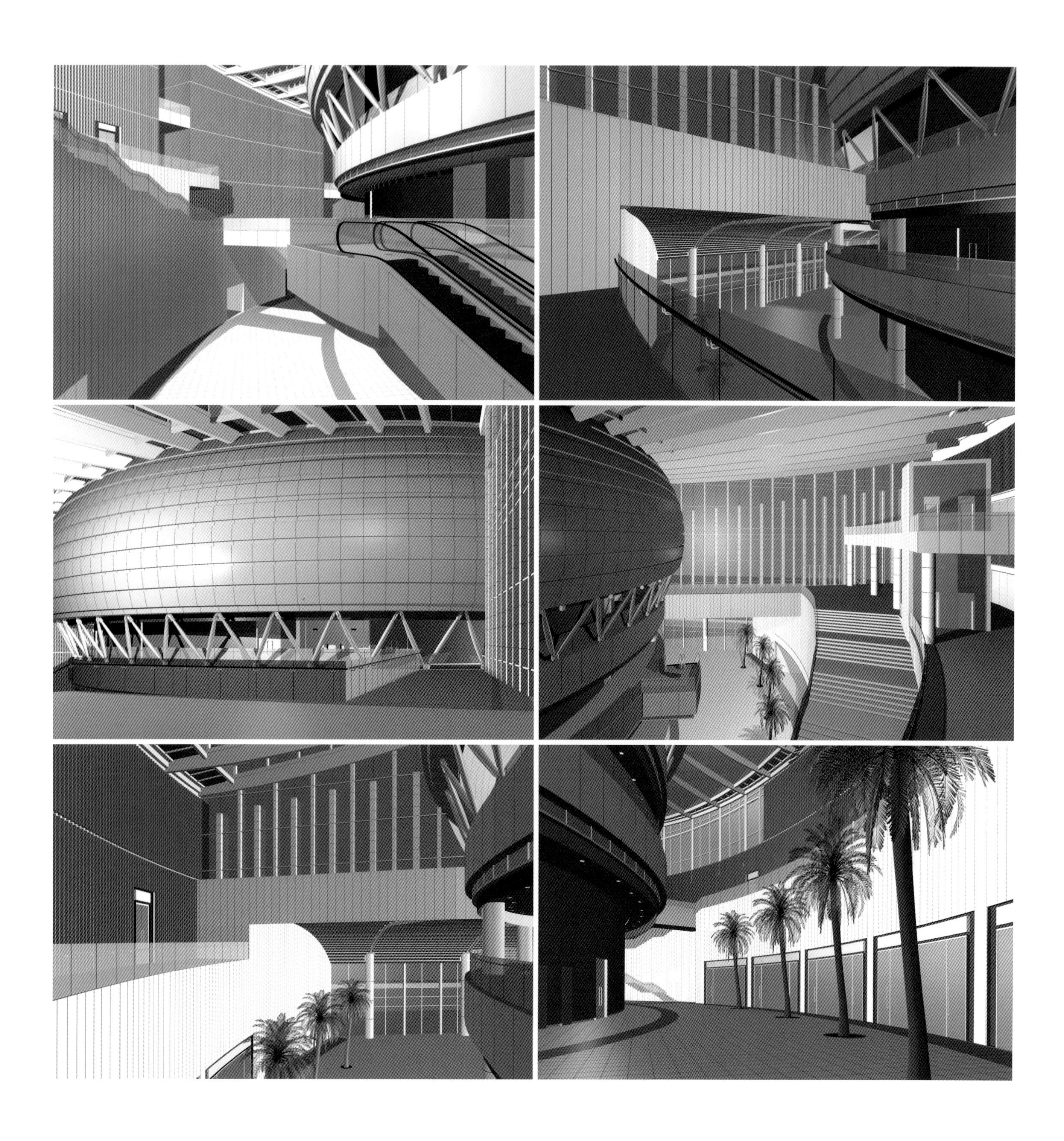

室内设计详图

VIP 门厅

比例 1:100

1 银灰色氟碳喷涂铝板窗帘盒
2 设灯具检修道
3 25mm 厚干挂白色大理石面蜂窝铝板复合石材
4 银灰色氟碳喷涂 U 形钢链接件
5 樱桃木木纹铝方通吸声墙面
6 25mm 厚干挂白色大理石
7 银灰色氟碳喷涂弧形铝板
8 银灰色氟碳喷涂圆弧形铝百页
9 轻钢龙骨纸面石膏板乳胶漆吊顶
10 樱桃木饰面墙
11 拉丝不锈钢拉手
12 樱桃木饰面防火门
13 消火栓
14 白色大理石百页风口

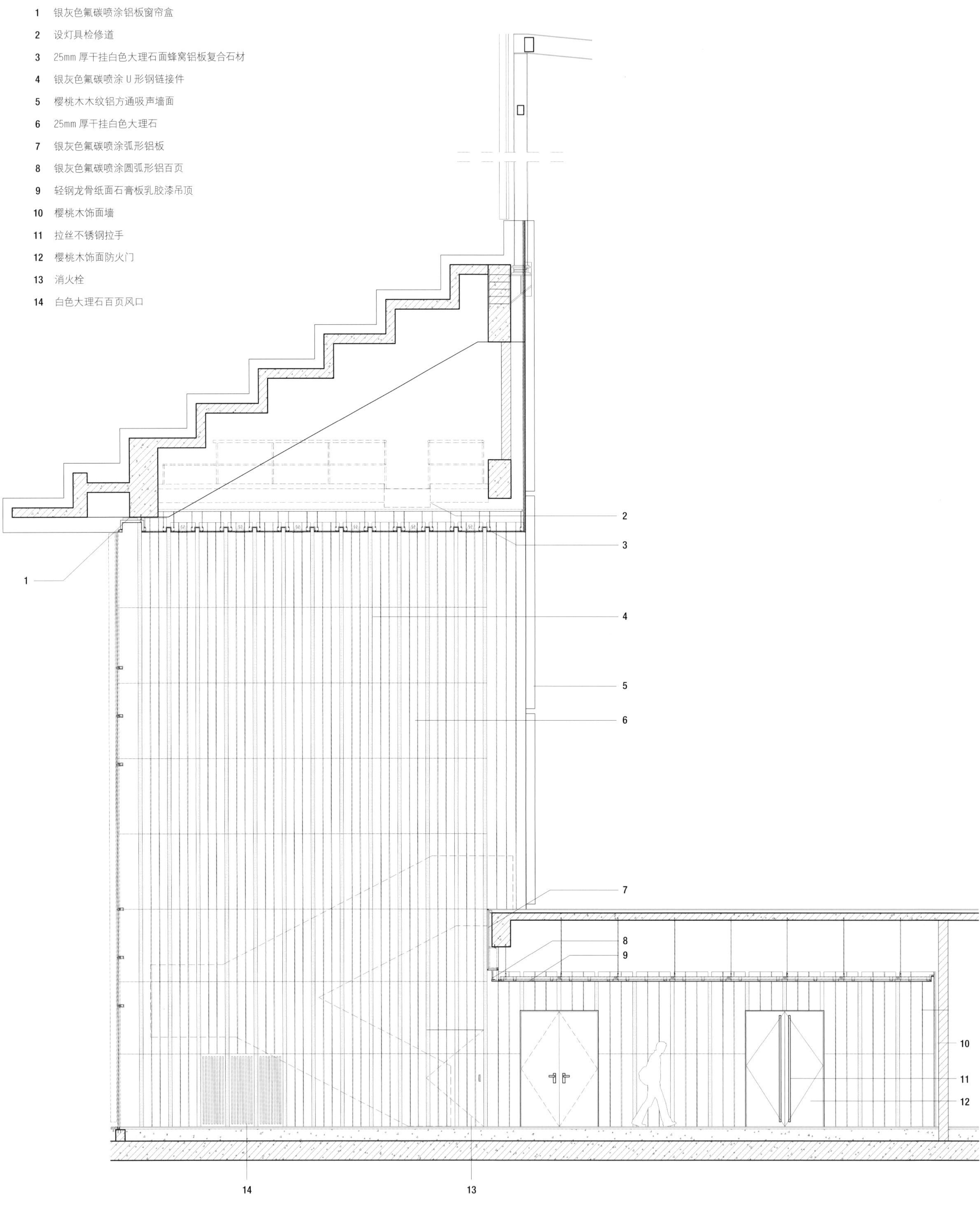

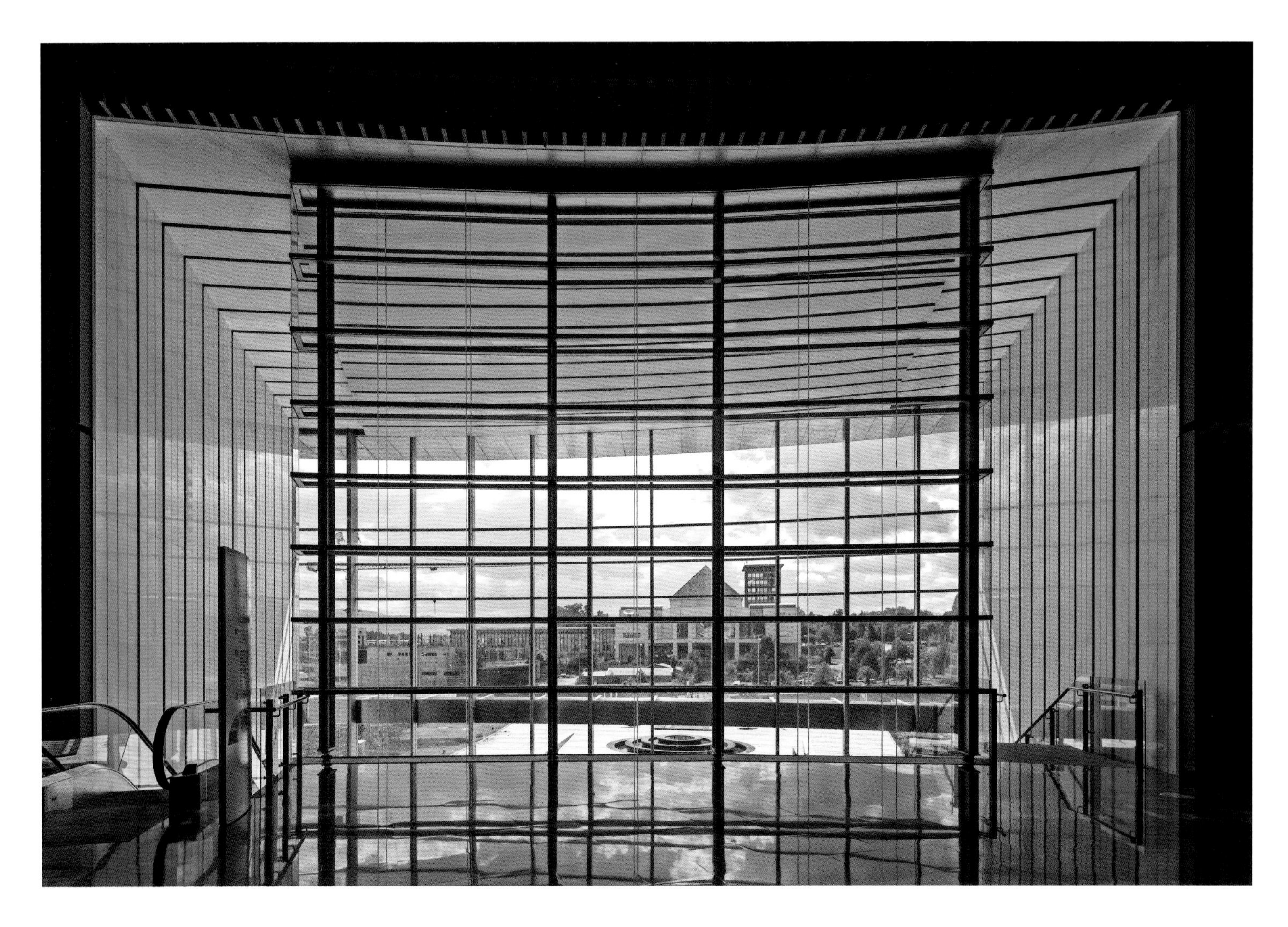

1 VIP 门厅

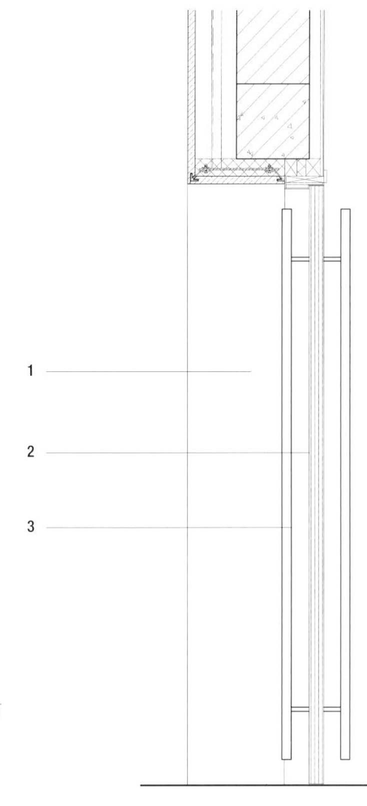

比例 1:30

1 25mm 厚干挂白色大理石
2 樱桃木饰面防火门
3 拉丝不锈钢拉手

1 | 2

1.2 VIP 门厅

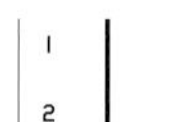

1.2 会议中心环廊

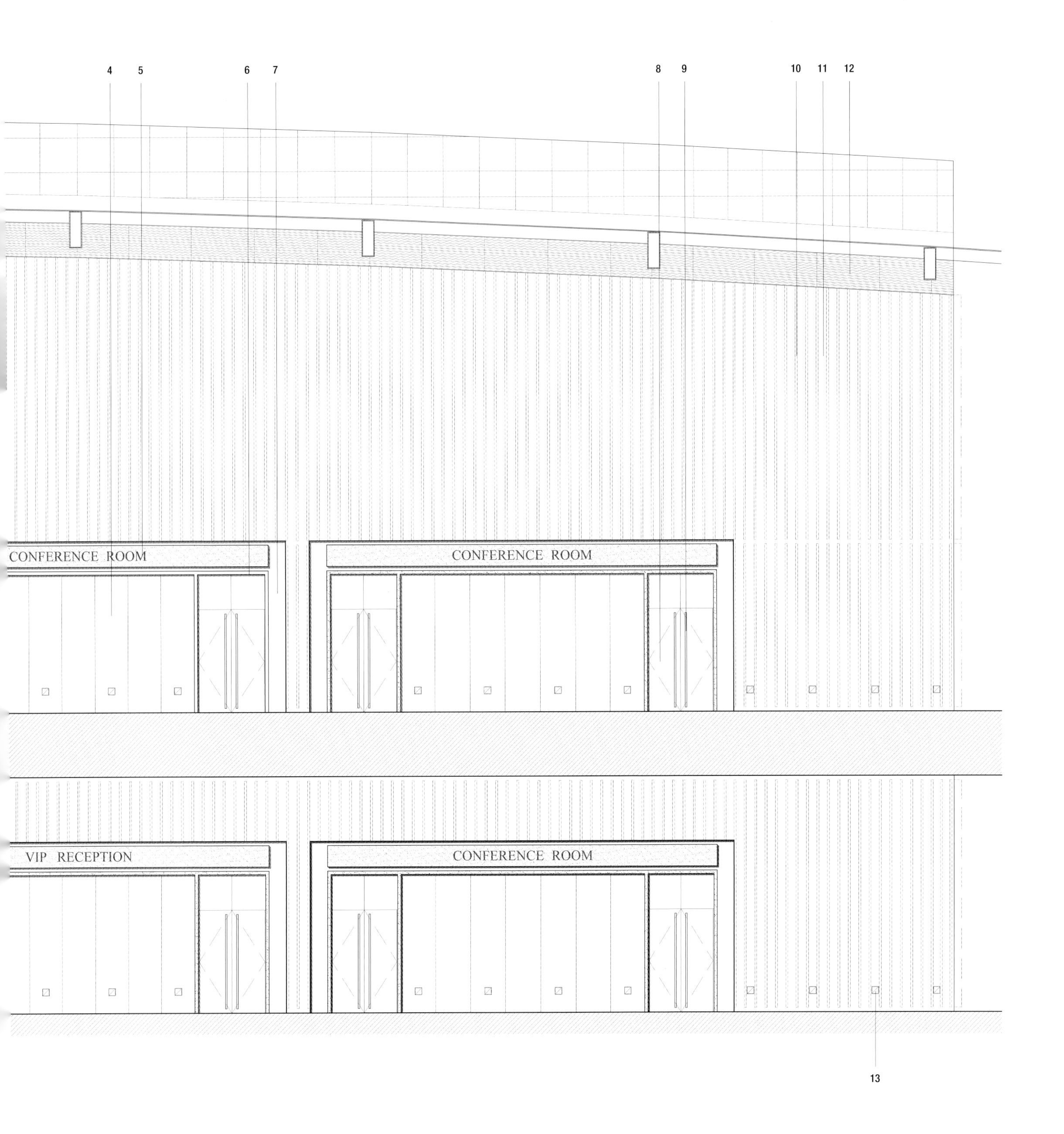

会议中心环廊

比例 1:120

1 干挂花岗岩外幕墙
2 主钢梁灰色氟碳喷涂
3 次钢梁灰色氟碳喷涂
4 樱桃木饰面
5 拉丝不锈钢面镂空字灯箱
6 拉丝不锈钢饰面
7 深灰色氟碳喷涂钢板
8 樱桃木饰面防火门
9 拉丝不锈钢拉手
10 樱桃木木纹铝方通吸声墙面
11 3mm 厚灰色氟碳喷涂微孔铝板吸声墙体
12 灰色氟碳喷涂格栅通风口
13 照地反射壁灯

1 会议中心环廊

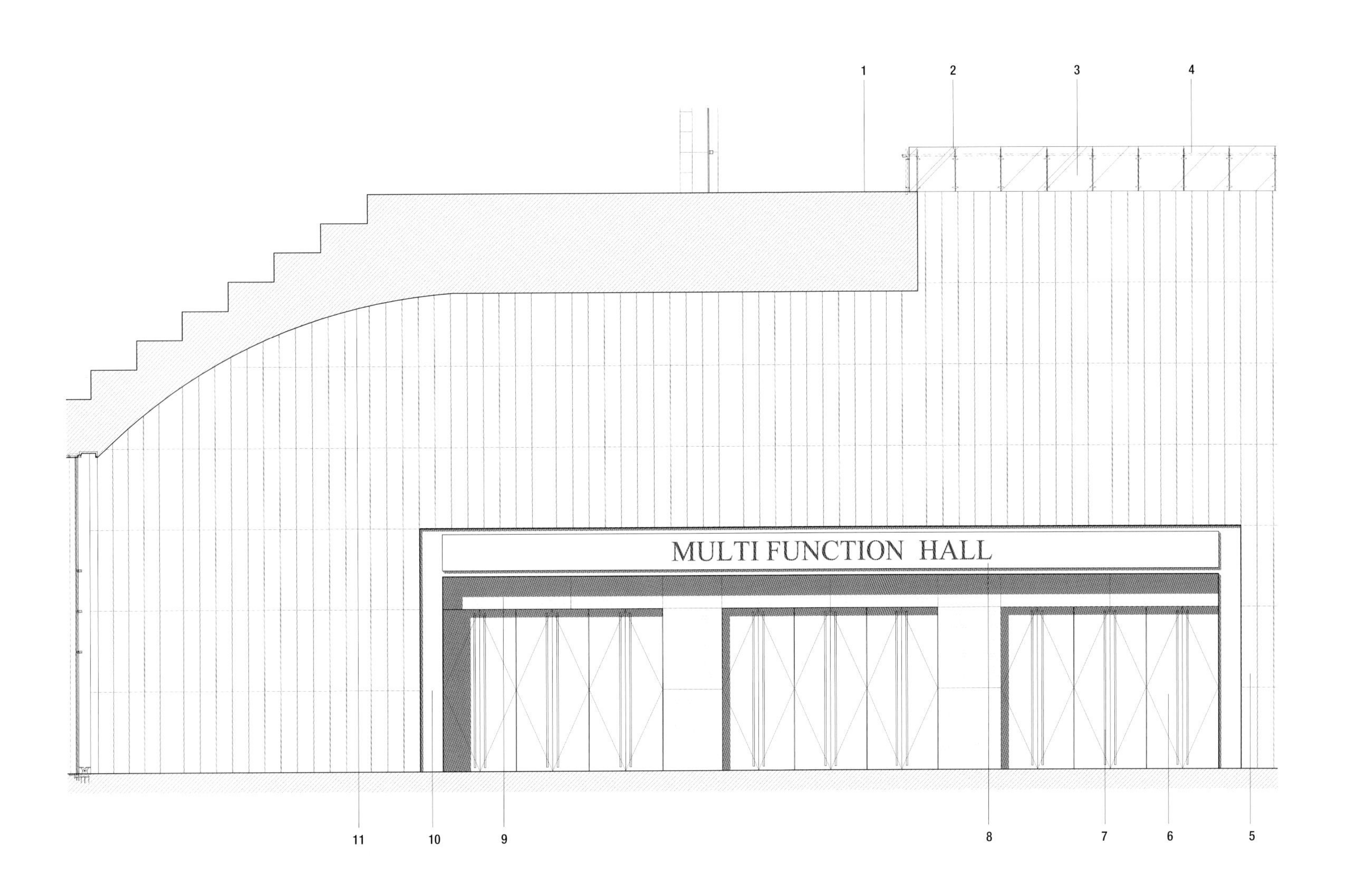

会议中心主入口门厅

比例 1:150

1 地灯
2 拉丝不锈钢立杆
3 6+6 夹胶玻璃栏板
4 Φ45 樱桃木扶手
5 25mm 厚干挂白色大理石
6 樱桃木饰门
7 拉丝不锈钢拉手
8 拉丝不锈钢镂空字灯箱
9 深灰色氟碳喷涂铝板
10 深灰色氟碳喷涂钢板
11 通长樱桃木纹饰面铝板宽 300mm，@500

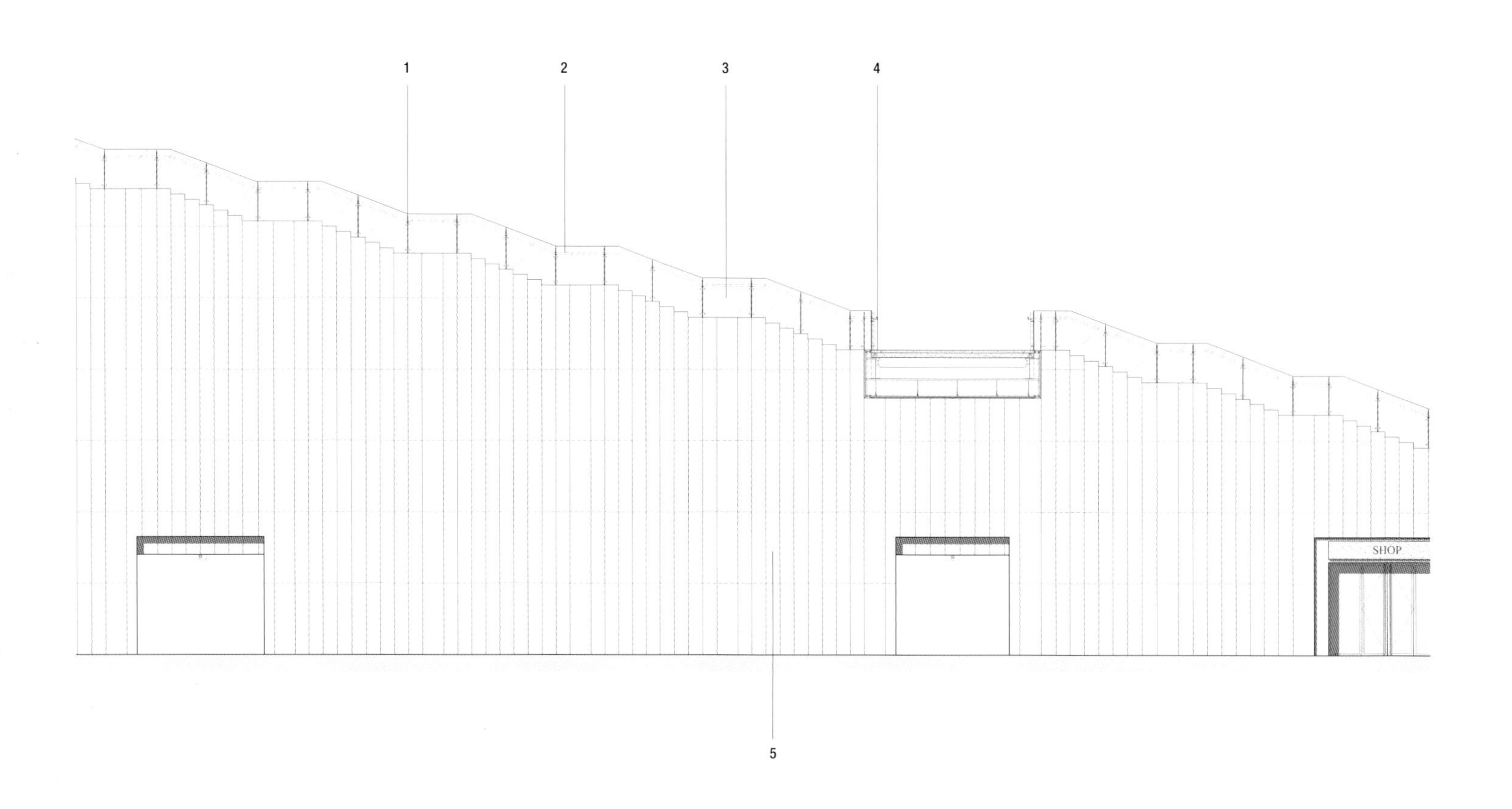

环廊大台阶立面图

比例 1:200

1 拉丝不锈钢立杆

2 Φ45 樱桃木扶手

3 6+6 夹胶玻璃栏板

4 地灯

5 25mm 厚干挂白色大理石

1.2 环廊大台阶

SMALL CONFERENCE ROOM 2

1 办公门厅

2 办公楼电梯厅

1.2 主楼小中庭

室内细部节点

大会议厅是非盟会议中心建筑空间的焦点。从远处看，大会议厅就像是漂浮在平台上的银色壳体，由细巧的环状连续V形钢柱支撑，因此钢柱和钢屋盖的连接节点造型设计至关重要。

如果采用常规的钢板加螺栓的连接节点，其视觉效果不佳。经过反复推敲，采用开模定制的铸钢节点。钢屋盖和V形钢支撑柱通过铸钢节点自然过渡，成为一个有机的造型整体，56个铸钢节点也是整个屋盖的传力交汇点。铸钢节点构件的受力模式符合力学性能，下部是双向受力构件分解传力到两向的V形钢支撑柱，在顶部逐渐聚拢，过渡成为一个富有力量感的单一受力构件，受力性能优异。

铸钢节点造型经过了数次修改调整，前侧面和左右侧面采用了微曲面，使钢节点轮廓线条更柔和优美。V形钢支撑柱和钢节点的交接处做了卡口加横向螺栓的交接处理，使得微呈梭形的钢柱完美收头。位于钢支撑柱顶部的铸钢节点既是物理力的交汇，更是曲线韵律的延续。一体化的节点设计，不仅是力学的载体，更成为结构美学的表达。

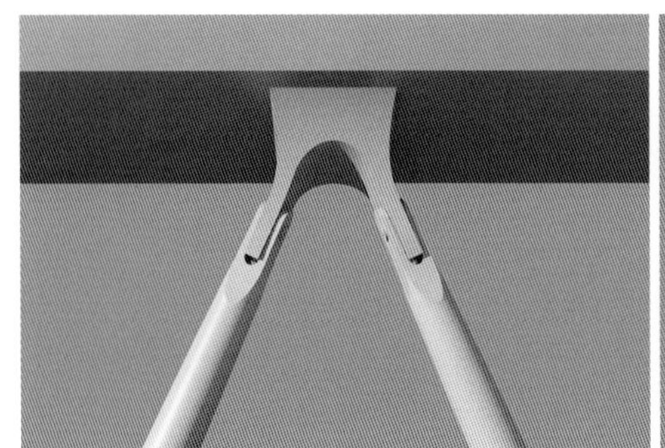

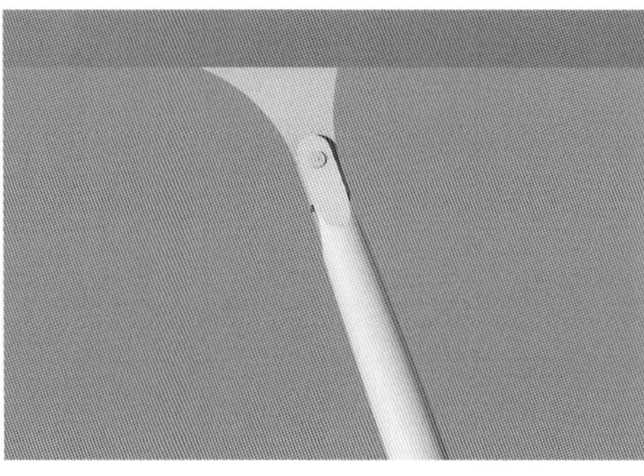

1.2 铸钢节点模型

3 V形钢支撑柱整体效果

室内设计花絮

会议桌椅

非盟方特别关注会议配套系统以及家具配置，为此专程两次来中国调研及沟通确认。设计团队按照常规尺度定制设计了造型简洁现代的会议桌，配上木质扶手、带书写板的织物会议椅。对于厂家提供的打样品，非盟方技术组通过试坐，提出考虑到非洲人身材高大，希望会议桌桌面高度提高到 0.8m（国内一般为 0.75m）。

水龙头的选择

非盟会议中心是整个非洲大陆上非常先进的现代化大型会议机构，有关会议系统和会议配套的设施都选择了目前技术领先的产品。在初期的设计中，在卫生间洁具的选择上，考虑到与会期间人数较多，会议中心的卫生间配置了全自动感应式洗手盆，这也是国内公共场所通常使用的。而实践证明，在非洲许多援建项目中，自动感应式水龙头并不耐用，由于当地缺少有经验的维修工并缺少经销商常驻，一些小问题容易变成大问题。在最后的实施中，全部的水龙头均采用手动式普通水龙头，传统的产品在特定的地点更加经久耐用。

主席办公室地毯选择

办公塔楼顶部三层自上而下分别设置了非盟轮值主席、非盟主席和非盟副主席三套主席办公室，包括会客室、协调室、秘书室、私人图书室、卫生间以及办公区。办公区地面为羊毛地毯，工厂根据设计图案制作了三块不同颜色样毯供非盟方选择，结果对方对三块小样都很满意，最后分别用在非盟轮值主席、非盟主席和副主席三套办公室内。

大会议厅外侧环廊

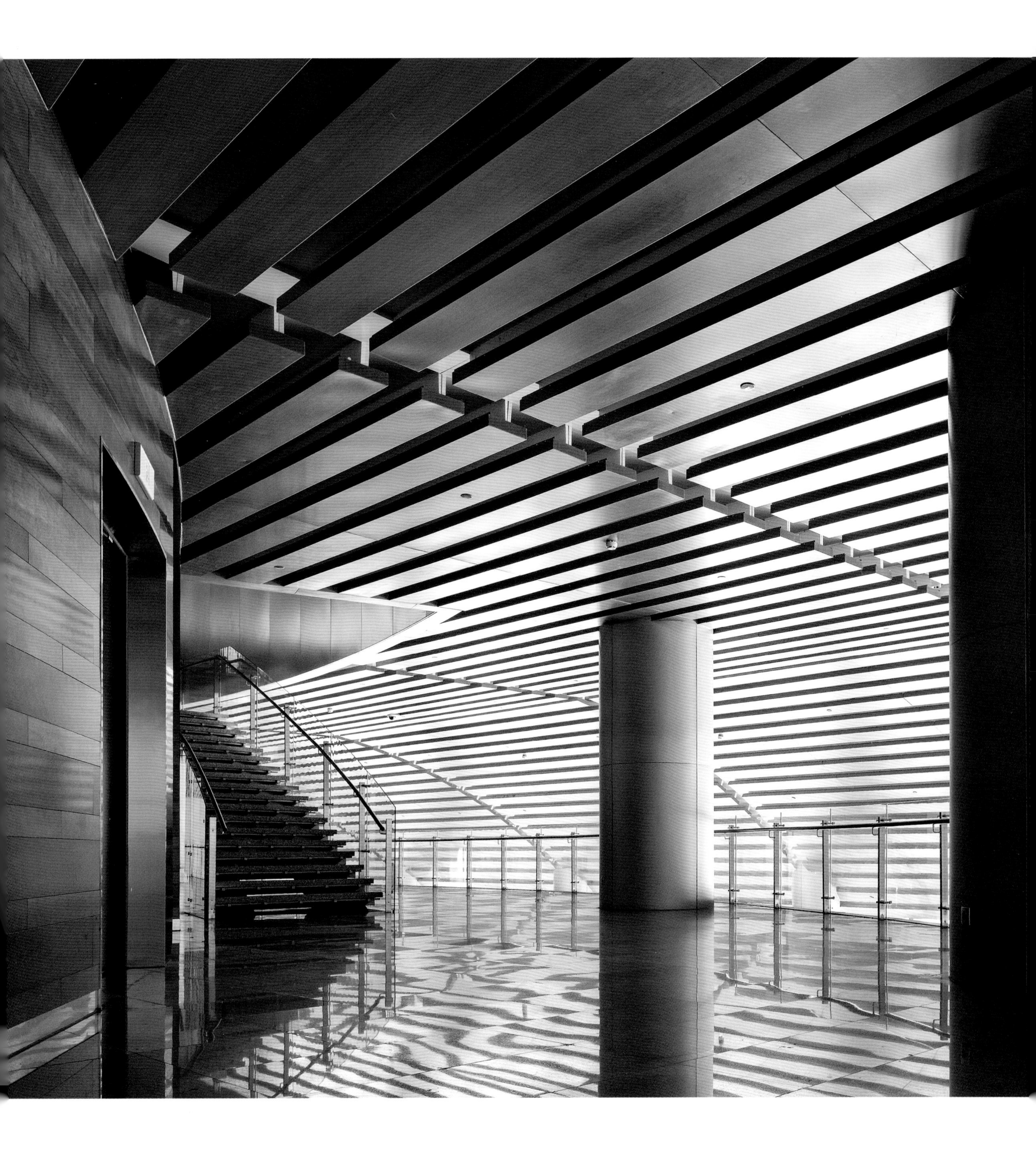

室内灯光

环形中庭

非盟会议中心高大的环形中庭的灯光方案是设计的一大难点：中庭介于大会议厅和周围其他会议服务设施之间，室内空间最窄处 6m，最宽处达 40m，顶棚高度由 20m 至 33m 不等。照明灯具隐藏在大会议厅球体表面的横向凹槽中，斜向上投射到折线型屋顶室内侧的双曲面铝单板与露明鱼腹钢梁，通过灯光反射间接照亮环形中庭空间；在外圈白色大理石墙面处配置地灯，通过墙面间接照亮近地面行走区域；内圈吊顶面的洗墙灯侧向照亮温暖的木质墙面。三者结合使环形中庭的灯光效果具有强烈的空间层次感。

大会议厅

大会议厅采用的发光顶棚是室内灯光设计的另一难点，直径约 40m 的发光顶棚，无论在规模上还是效果上均属少有，在照度均匀无阴影效果上更是堪称完美。配合 2500 人大会议厅的整体设计，恢弘大气，震撼人心。

大会议厅为椭圆形，长轴为 47m，由顶棚到地面平均高度为 26m。在前期设计师进行了大量的项目现场调研和勘查，在金卤灯与荧光灯的两种光源形式进行了测试比较，结合各自的光源特性及现场实际的使用合理性，通过前期模拟计算，为满足电视转播的设计要求，最终采用透光吊顶内部悬挂的高显三基色 T5 荧光灯作为主要照明。在照度要求达到约 500lux 的情况下，配合发光顶棚结构造型环形安装，在满足照度的需求下且照明平均值为 0.8 以上（平均值越高，表示场内亮度越平均，视觉感官越舒适）。透过不同回路开关，做出不同的场景，适应不同的需要，增加灵活性。

另外为达到主讲台 800lux 照度要求，在三层左右两边观众席底部安装舞台专用射灯，为主讲台提供额外 300lux 照度的照明。

观众席顶部全部采用 4000k 色温的节能管筒灯，以达到节能的目的。由于顶棚到三层观众席距离较远，所以选择高功率节能管筒灯，以保证亮度。

中会议厅

中会议厅空间尺度虽不及大会议厅，但最高处仍达 11m，所以选用金卤筒灯。吊顶可直接安装筒灯，但由于顶棚有造型要求，所以安装筒灯位置受到一定局限。会议厅中部照明距离较远，灯的密度较高。会议厅后部分上下两层座席，顶棚到地面较近，灯的密度较低。演讲台由筒灯作主要照明，在台前顶棚边设有一排舞台灯作补充照明，突出演讲台。中会议厅灯光设计提供 500lux 照明。

多功能厅

多功能厅灯光的亮度较会议厅低，其主要用途为宴会或酒会，故选择灯光色温为暖色。顶棚设计有 7 条波浪形磨砂玻璃灯饰，内装 T5 荧光灯作为主要照明。另在波浪形顶棚安装可调角度的筒灯，提供餐台局部照明。透过不同回路开关，亦可渲染不同场景的气氛。多功能厅灯光设计提供 350lux 照明。

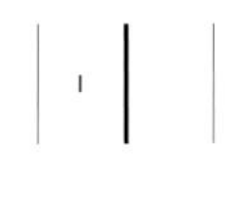

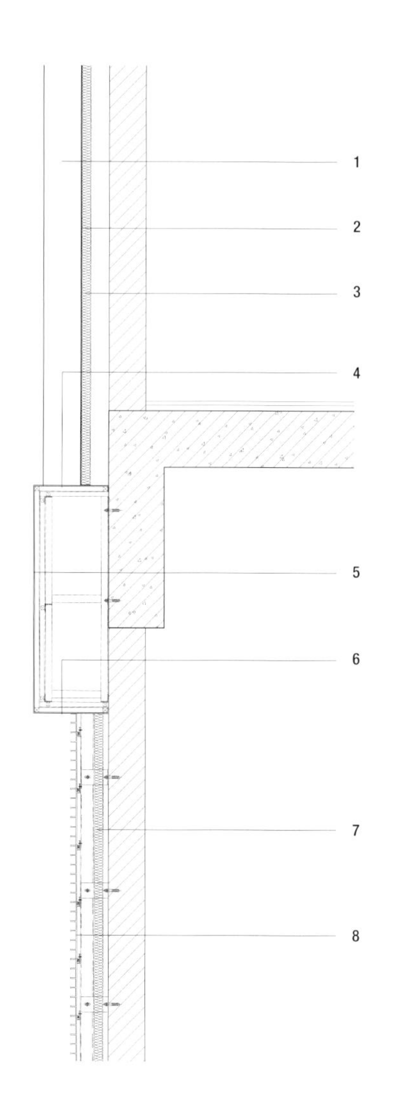

坡屋面幕墙节点

1　枫木木纹铝方通吸声墙面
2　3mm 厚枫木木纹微孔铝板吸声墙体
3　龙骨间填充 50 厚 48kg/m^3 离心玻璃棉（外包木色玻璃丝布）
4　枫木木纹铝板
5　枫木木纹微孔铝板后贴 SonudTex 吸声无纺布
6　枫木木纹铝板
7　镀锌方钢龙骨
8　木色横纹密孔氟碳喷涂亚光铝板

室内声学

非盟会议中心项目室内装饰材料的性能与造型（包括家具的选择）均与建筑声学完美地结合。大、中、小会议厅等会议设施内木纹穿孔吸声板、会议家具的吸声性能、室内材料的参数均经过严格的分析比较，在完美呈现建筑室内艺术的同时，实现了国际组织最高级别会议中心的声学品质。

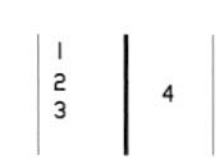

1　中会议厅
2　新闻发布室
3　小会议室
4　大会议厅

1 大会议厅

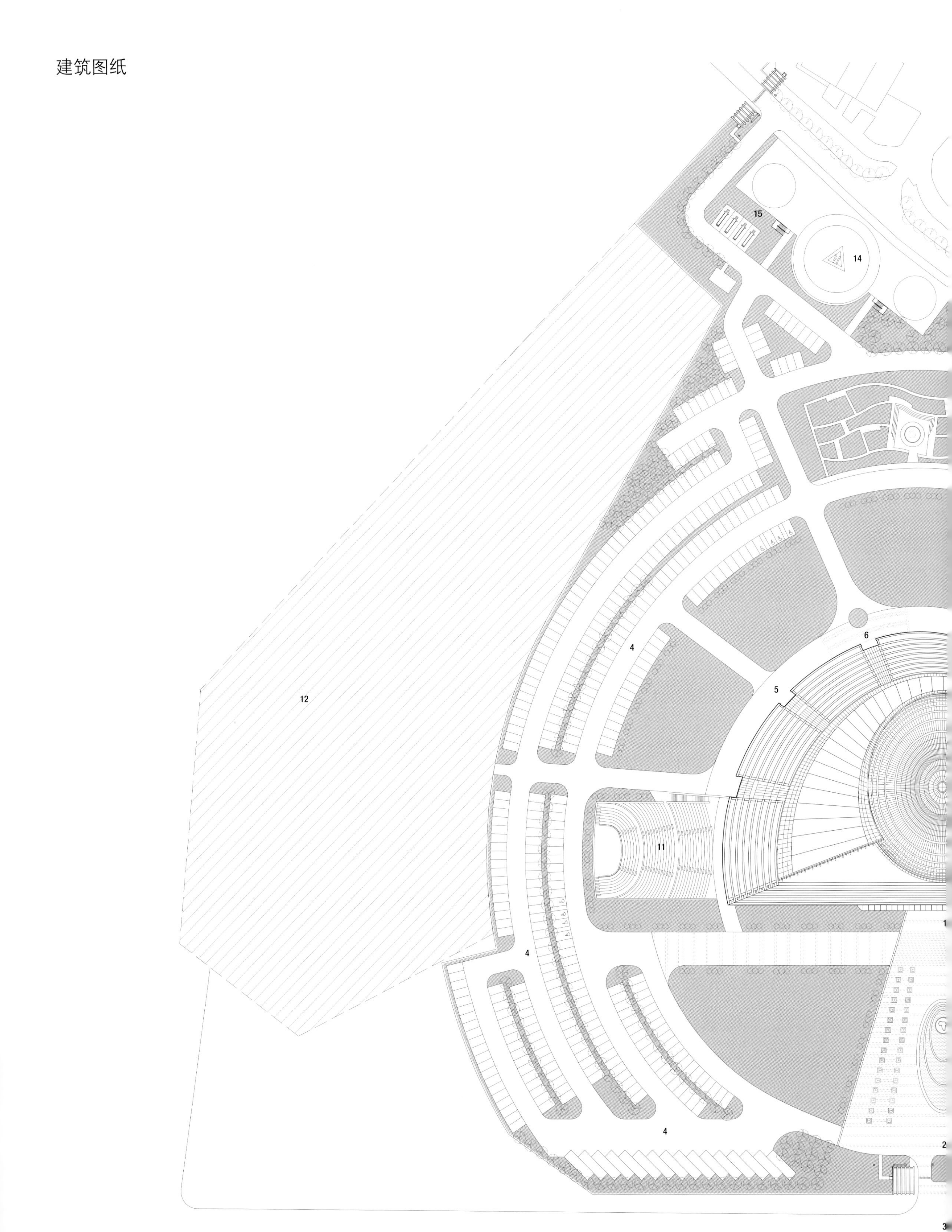
15
14
6
5
4
12
11
1
4
4
2
3

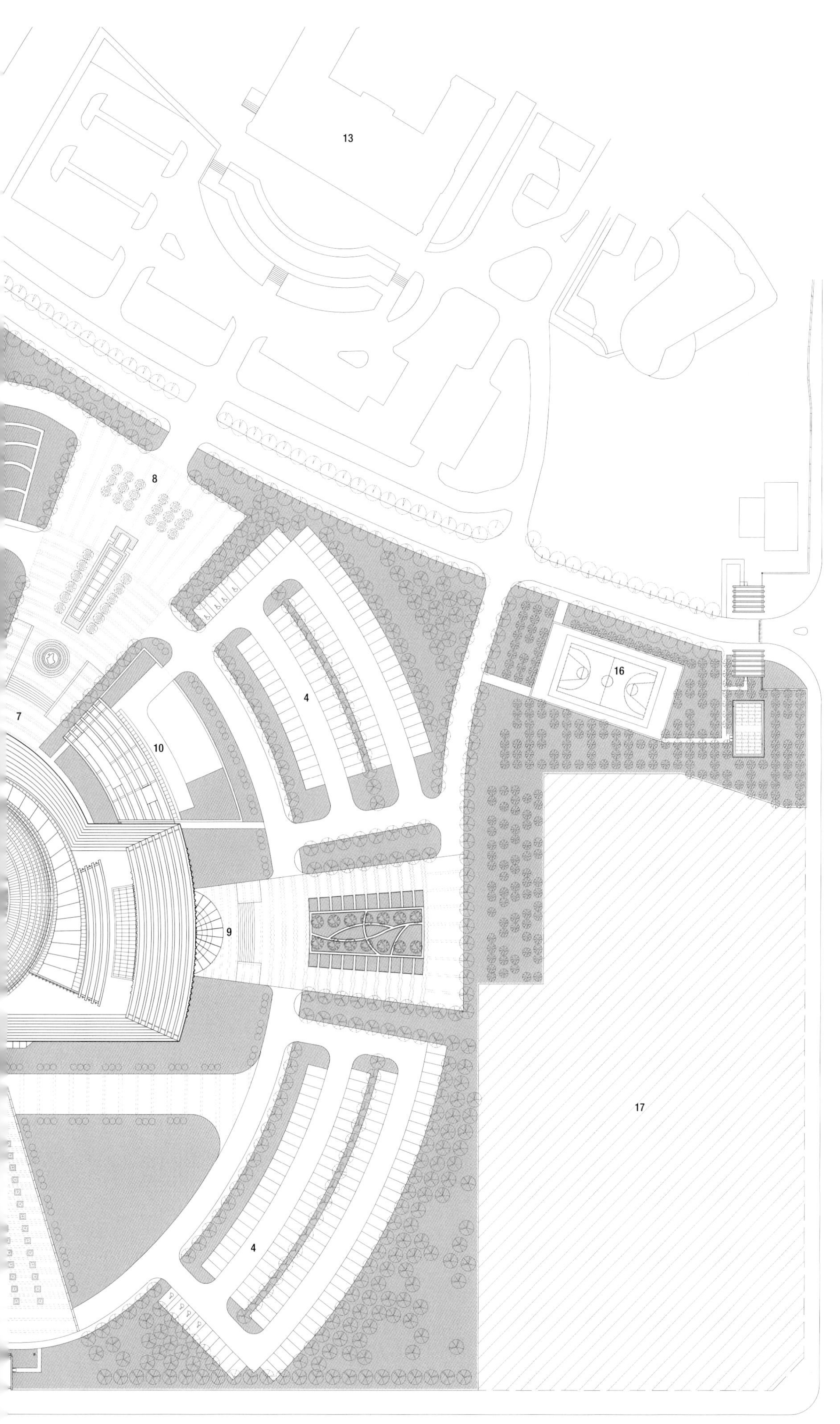

1 主入口
2 门卫亭
3 现有道路
4 室外停车
5 后勤入口
6 医疗中心入口
7 贵宾入口
8 非盟广场
9 办公入口
10 设备机房
11 下沉式剧场
12 非盟酒店用地
13 现非盟总部用地
14 直升机坪
15 车辆安检站
16 篮球场
17 非盟二期预留用地

总平面图

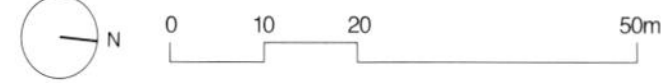

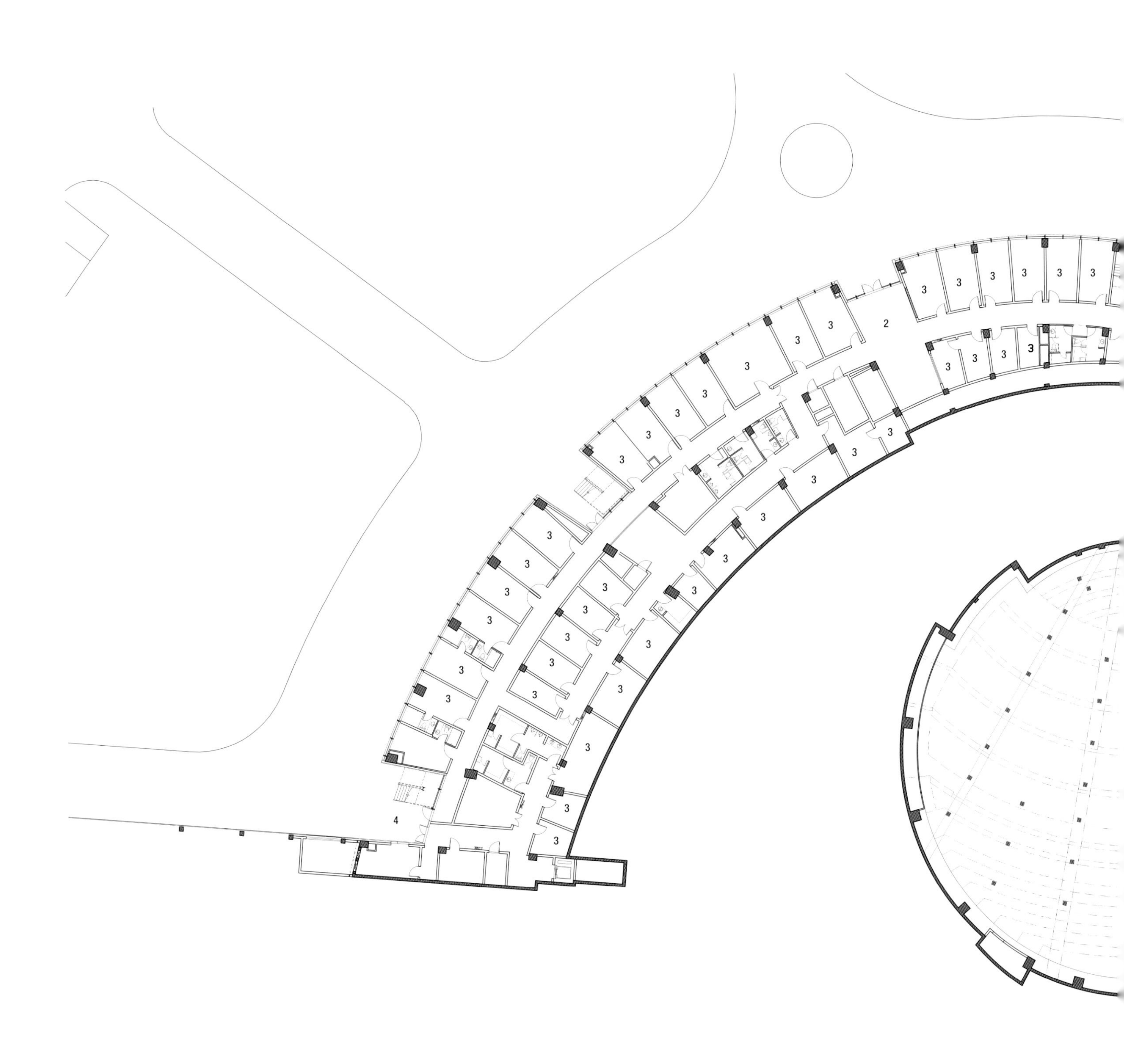

3
3
3
3
3
3
3
3
2
3
3
3
3
3
3
3
3
3
3
3
3
3
3
3
3
3
3
3
3
3
3
3
3
3
3
3
3
3
3
3
4

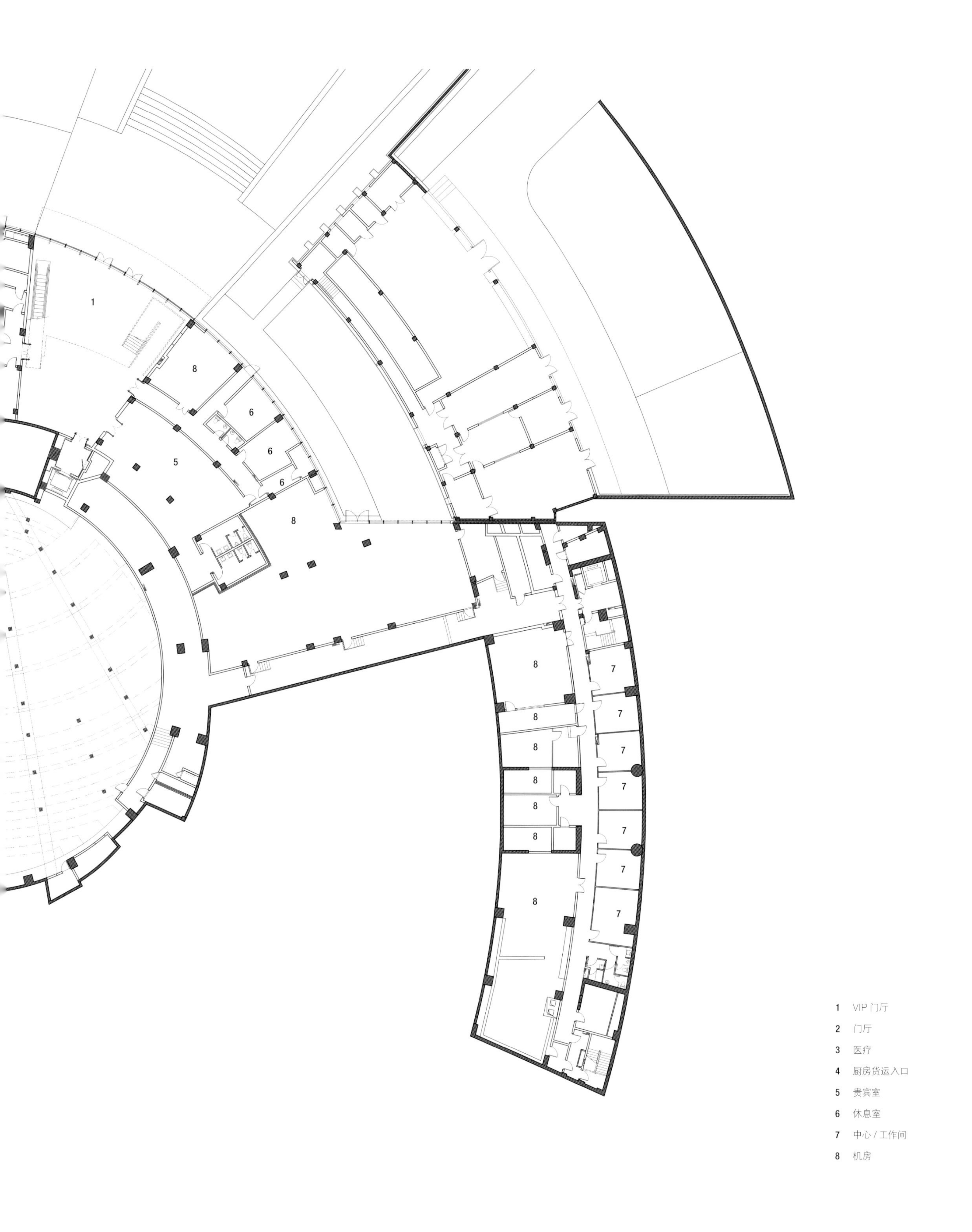

1 VIP 门厅
2 门厅
3 医疗
4 厨房货运入口
5 贵宾室
6 休息室
7 中心 / 工作间
8 机房

地下一层平面图

0 5 10 20m

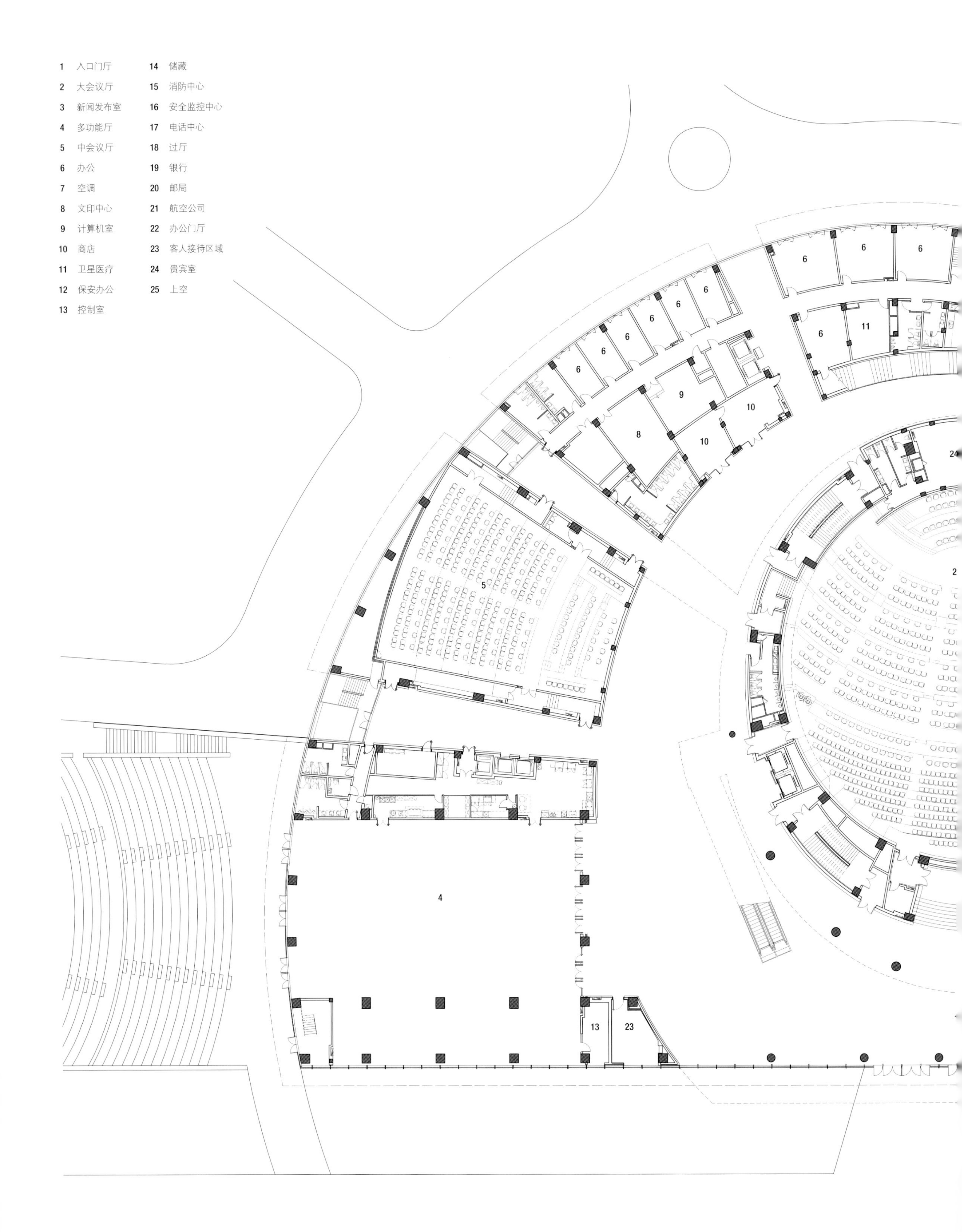

1 入口门厅
2 大会议厅
3 新闻发布室
4 多功能厅
5 中会议厅
6 办公
7 空调
8 文印中心
9 计算机室
10 商店
11 卫星医疗
12 保安办公
13 控制室
14 储藏
15 消防中心
16 安全监控中心
17 电话中心
18 过厅
19 银行
20 邮局
21 航空公司
22 办公门厅
23 客人接待区域
24 贵宾室
25 上空

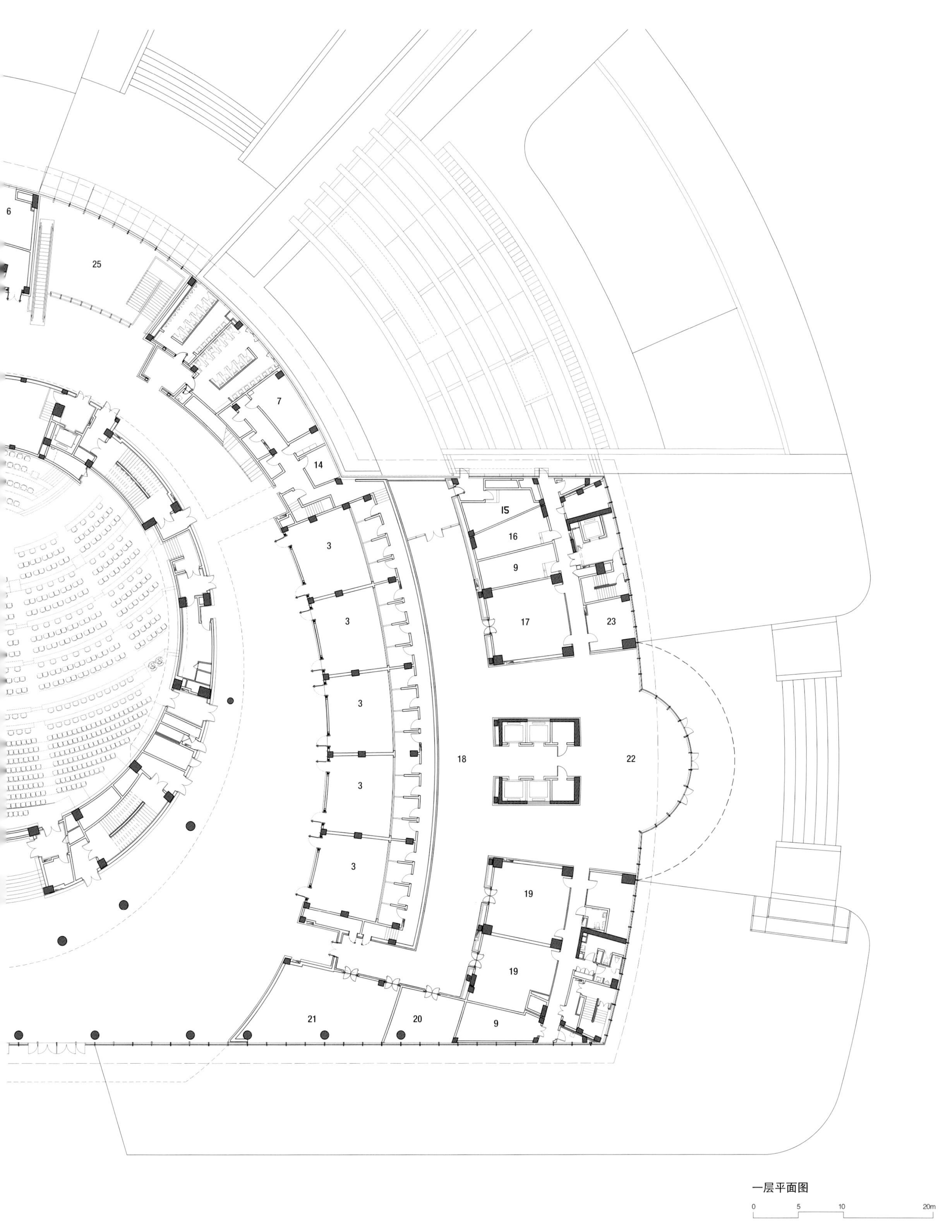

一层平面图

0 5 10 20m

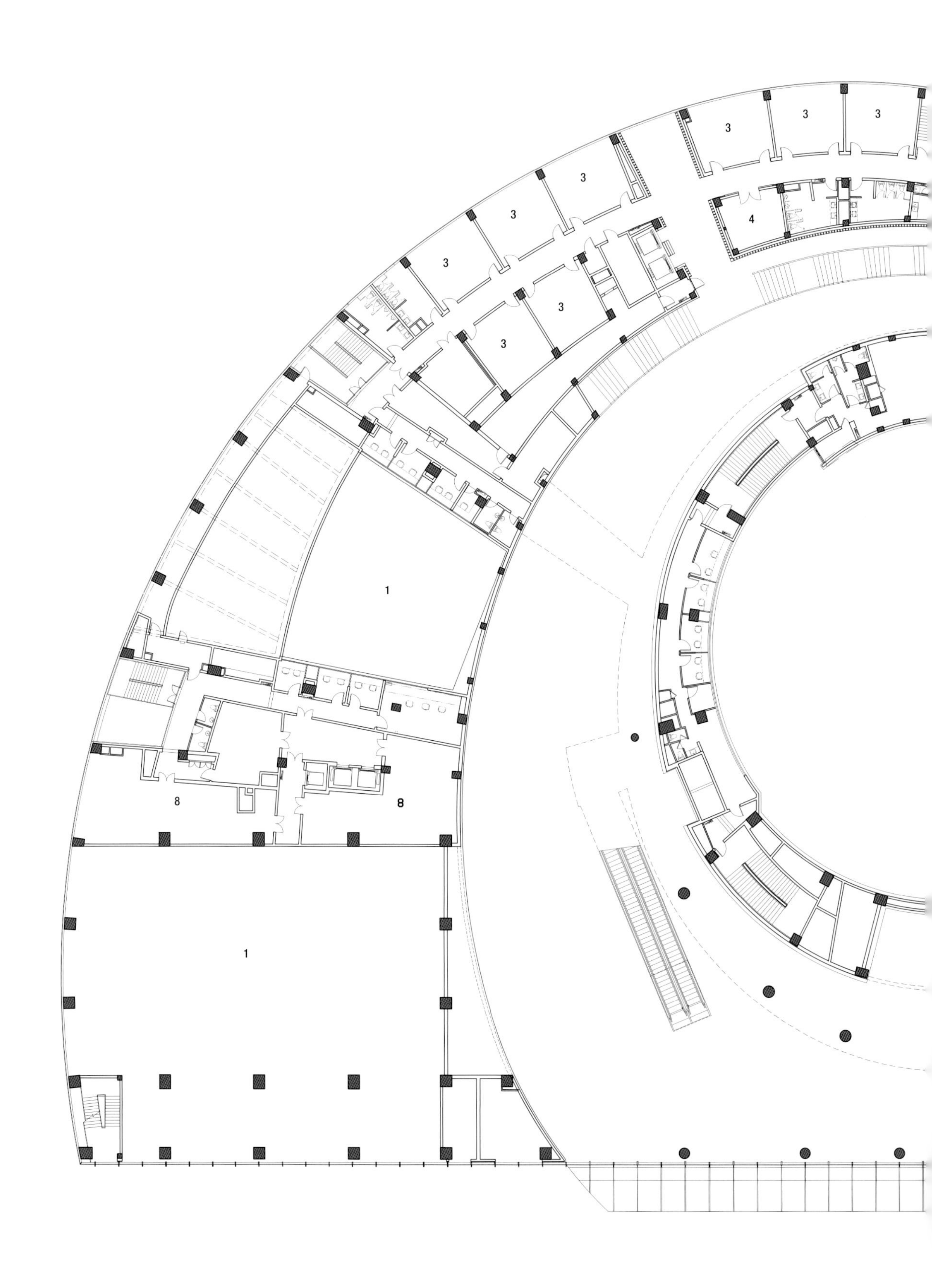
3
3
3
3
3
3
4
3
3
3
1
8
8
1

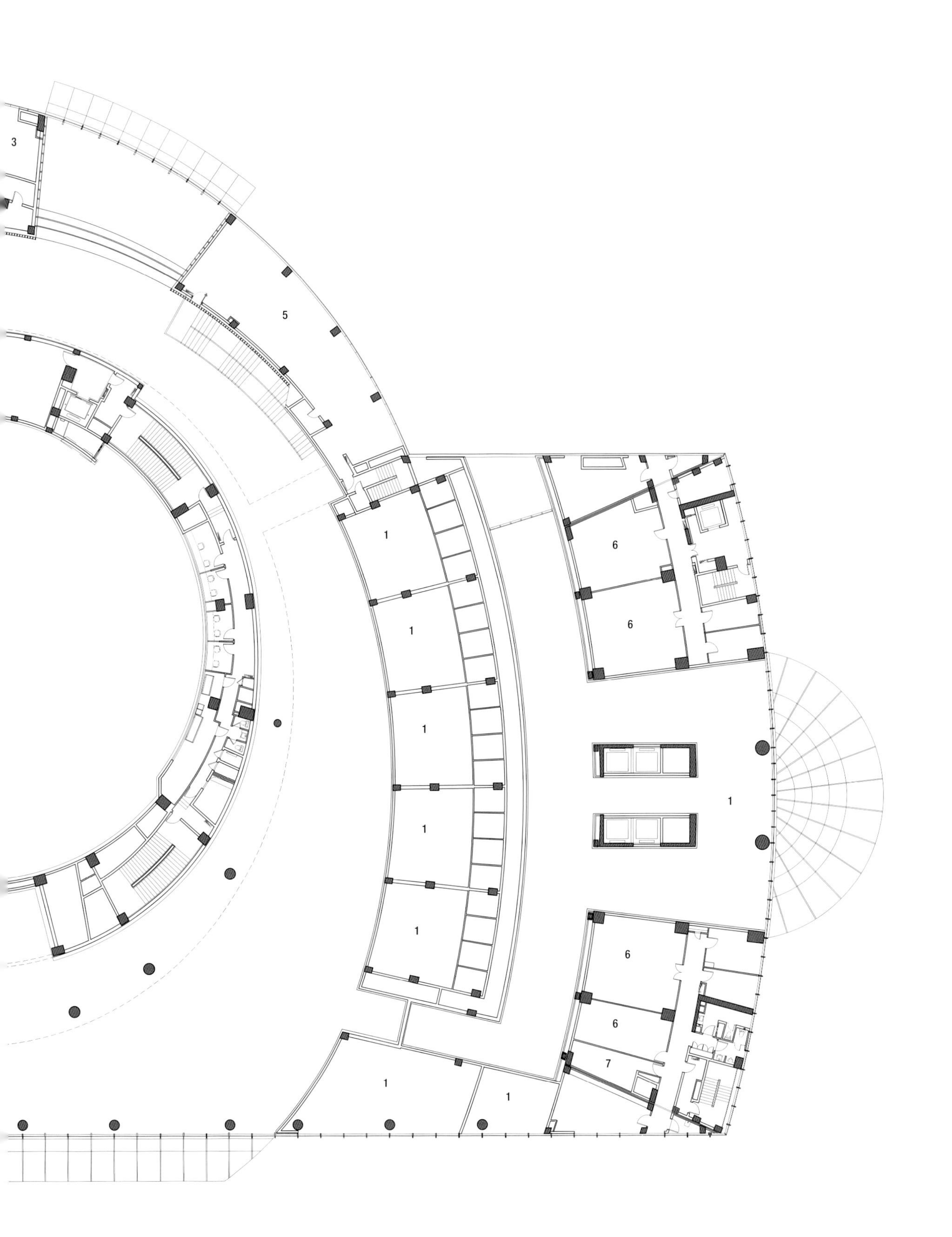

1 上空
2 贵宾室
3 分组会议
4 VIP 会议
5 媒体中心
6 礼宾办公
7 保安办公
8 储藏

一层夹层平面图

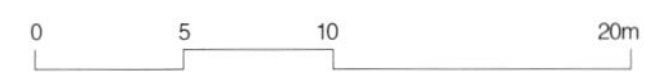

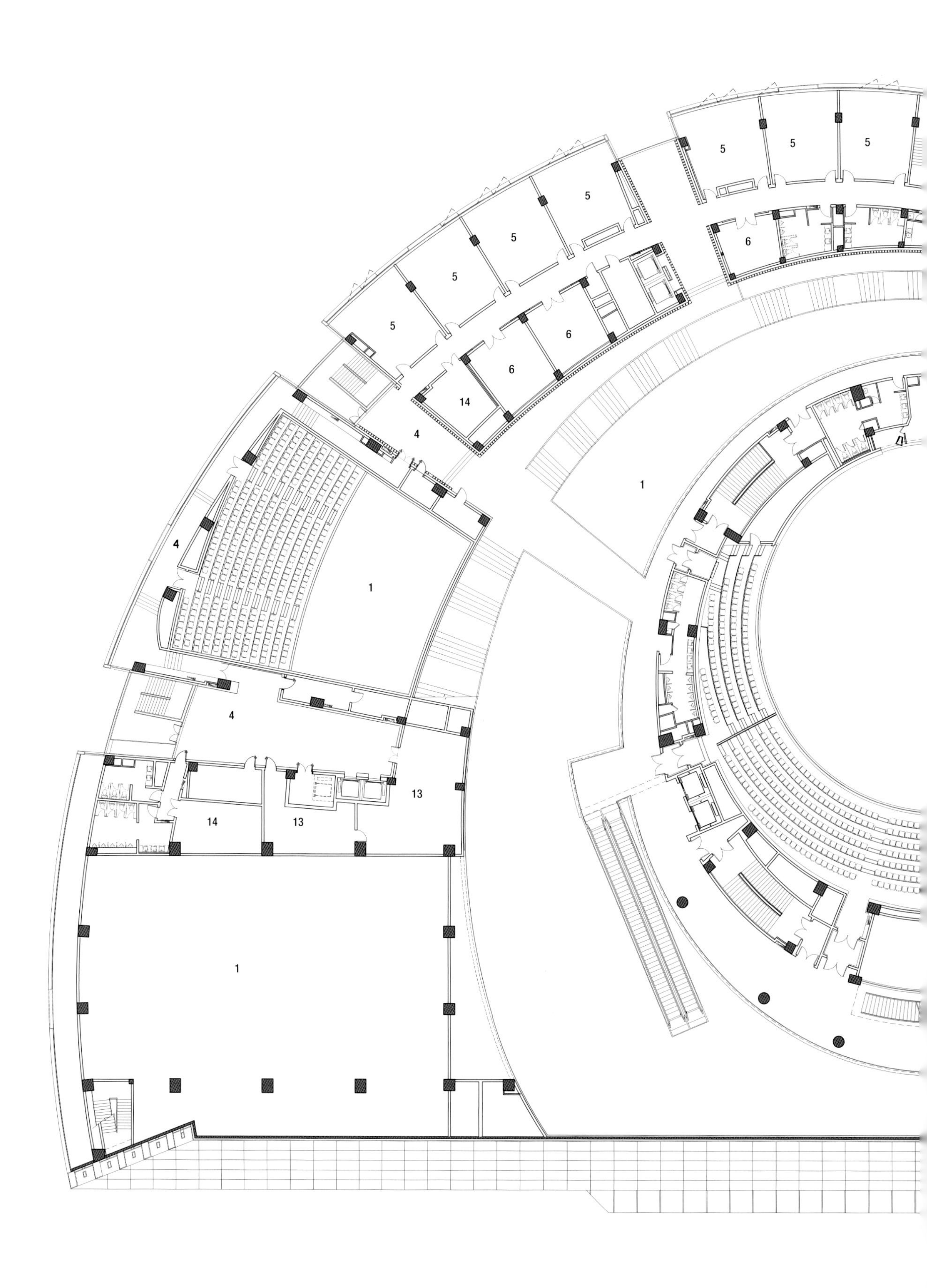
5
5
5
5
5
5
5
5
6
6
6
14
4
4
1
1
4
13
14
13
1

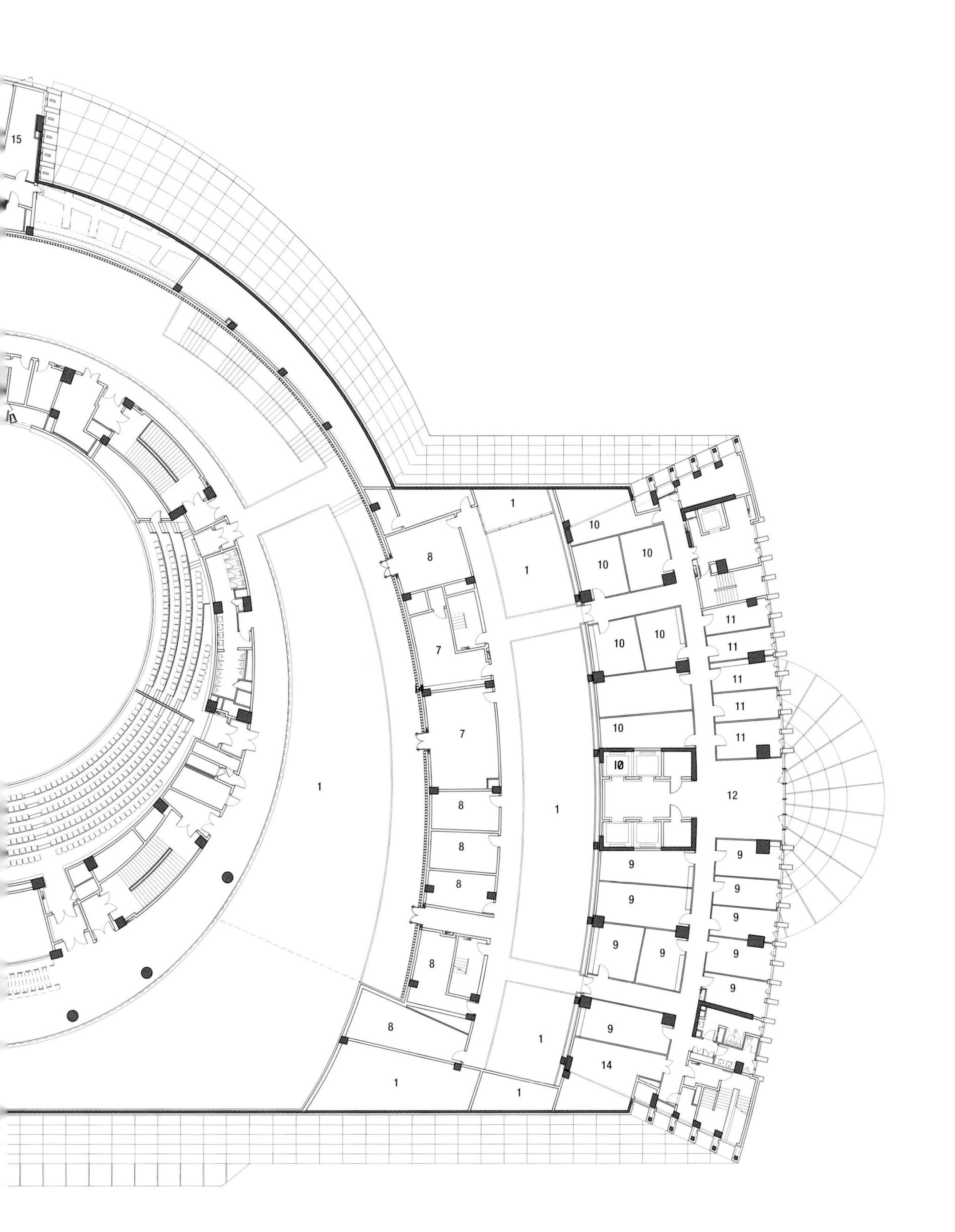

1 上空
2 环廊
3 投影
4 休息厅
5 分组会议
6 VIP 会议
7 祈祷区
8 翻译（口译）
9 翻译（笔译）
10 检查员
11 校对办公
12 中庭
13 储藏
14 空调
15 办公

二层平面图

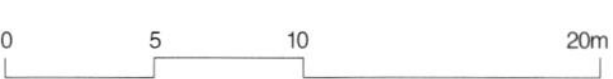

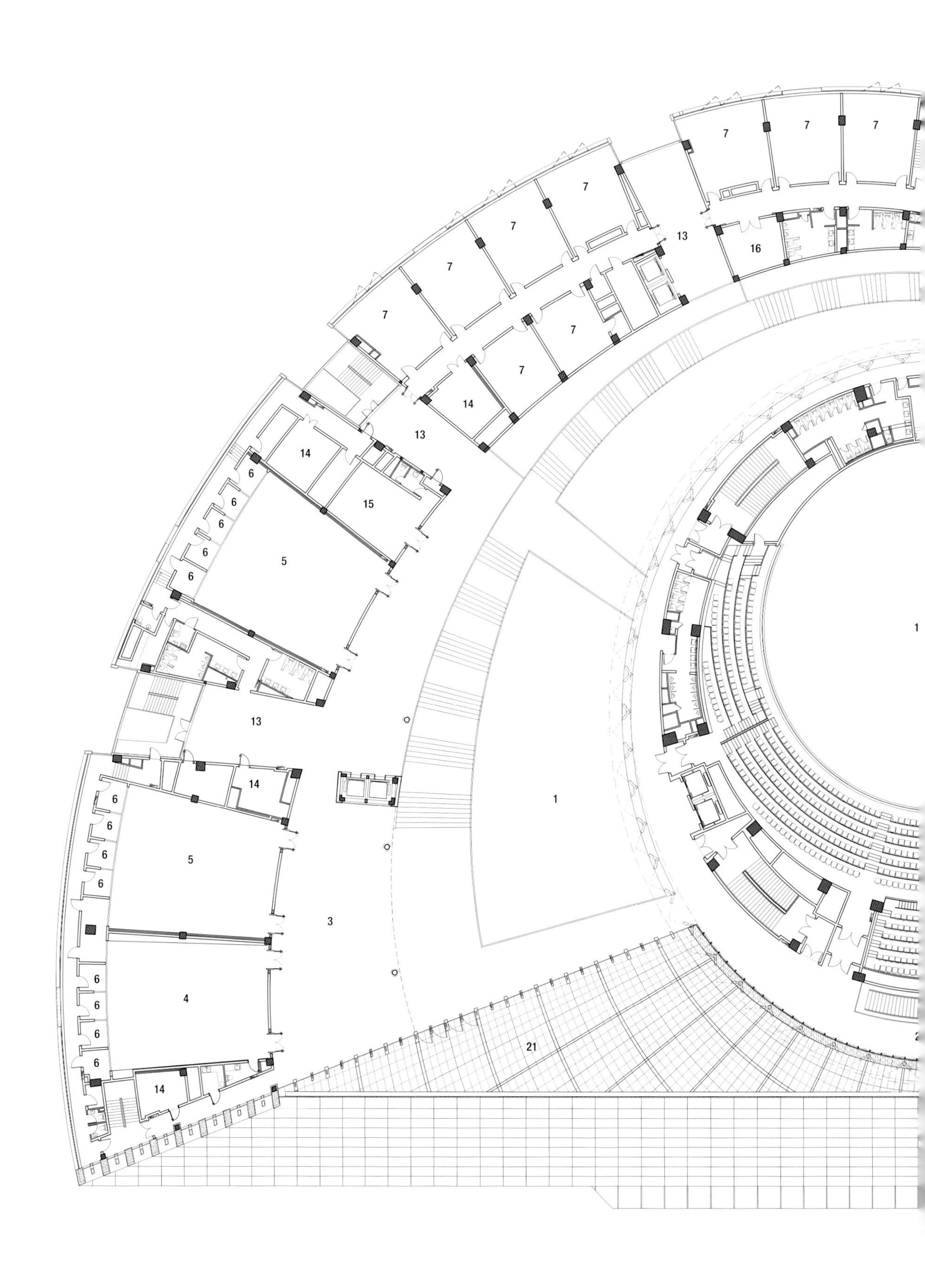
7
7
7
7
7
7
7
13
16
7
7
7
14
13
14
15
6
6
6
6
6
5
13
14
6
6
6
6
5
1
3
6
6
6
6
4
21
14

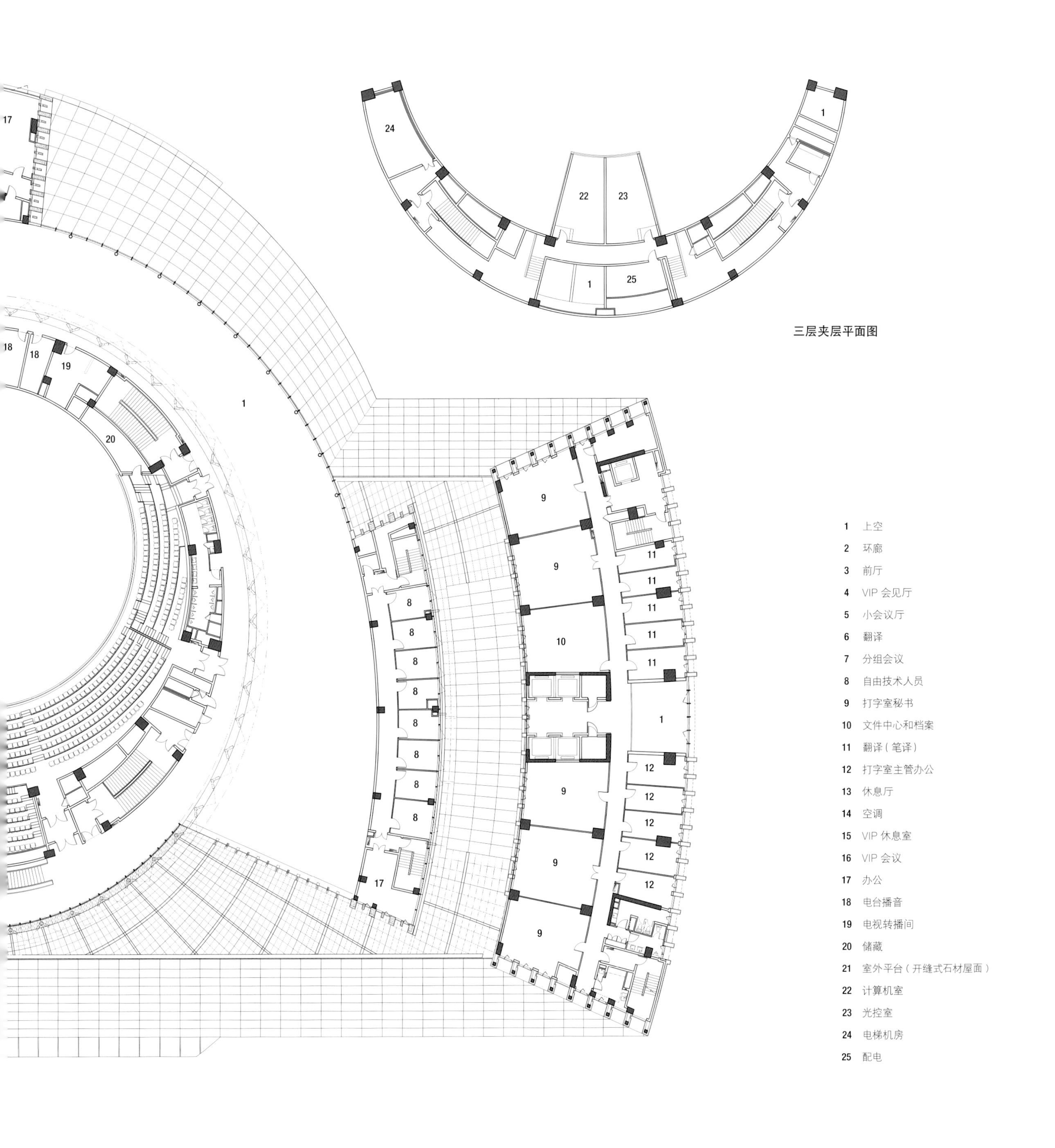
三层夹层平面图
1 上空
2 环廊
3 前厅
4 VIP 会见厅
5 小会议厅
6 翻译
7 分组会议
8 自由技术人员
9 打字室秘书
10 文件中心和档案
11 翻译（笔译）
12 打字室主管办公
13 休息厅
14 空调
15 VIP 休息室
16 VIP 会议
17 办公
18 电台播音
19 电视转播间
20 储藏
21 室外平台（开缝式石材屋面）
22 计算机室
23 光控室
24 电梯机房
25 配电

三层平面图

0 5 10 20m

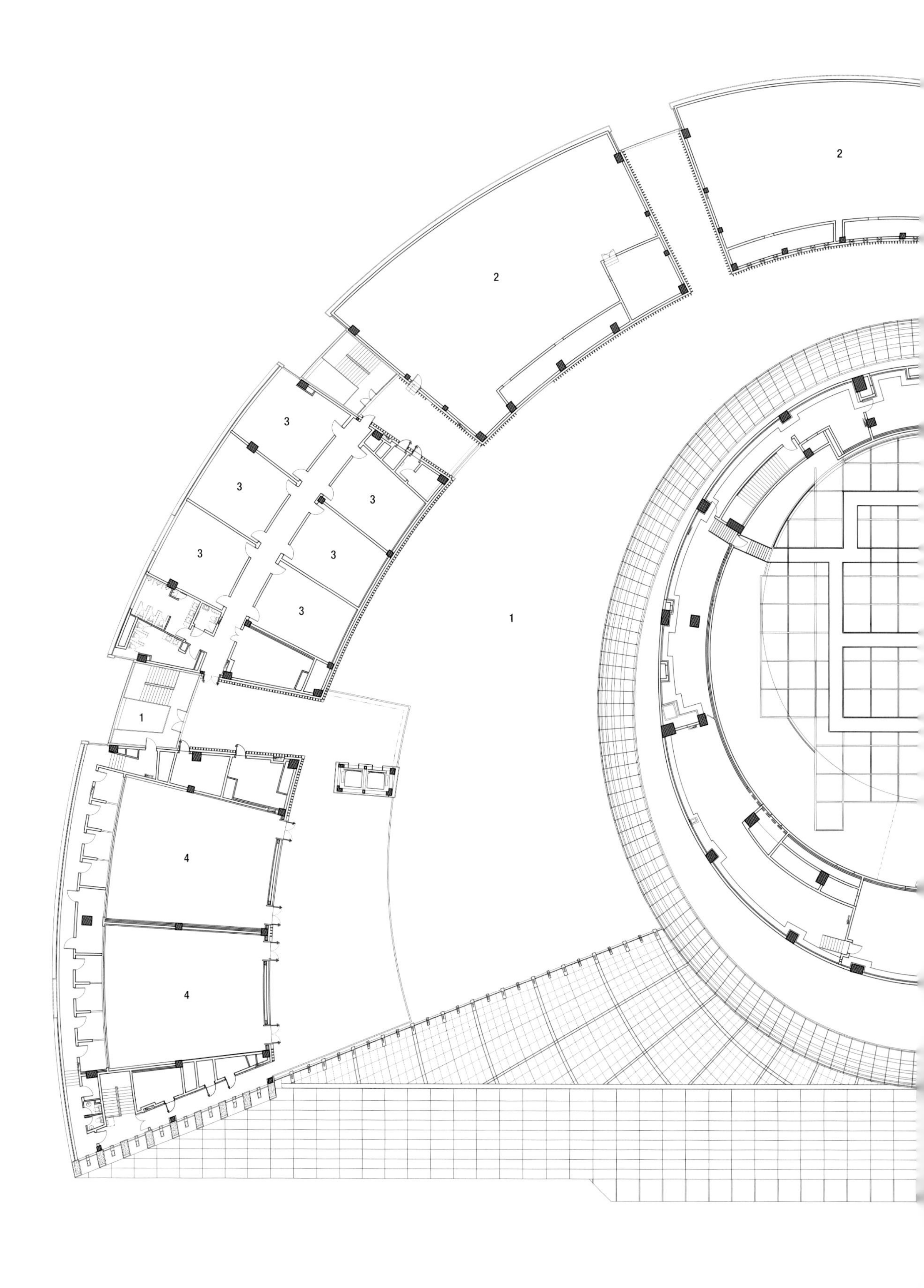
2
2
3
3
3
3
3
3
1
1
4
4

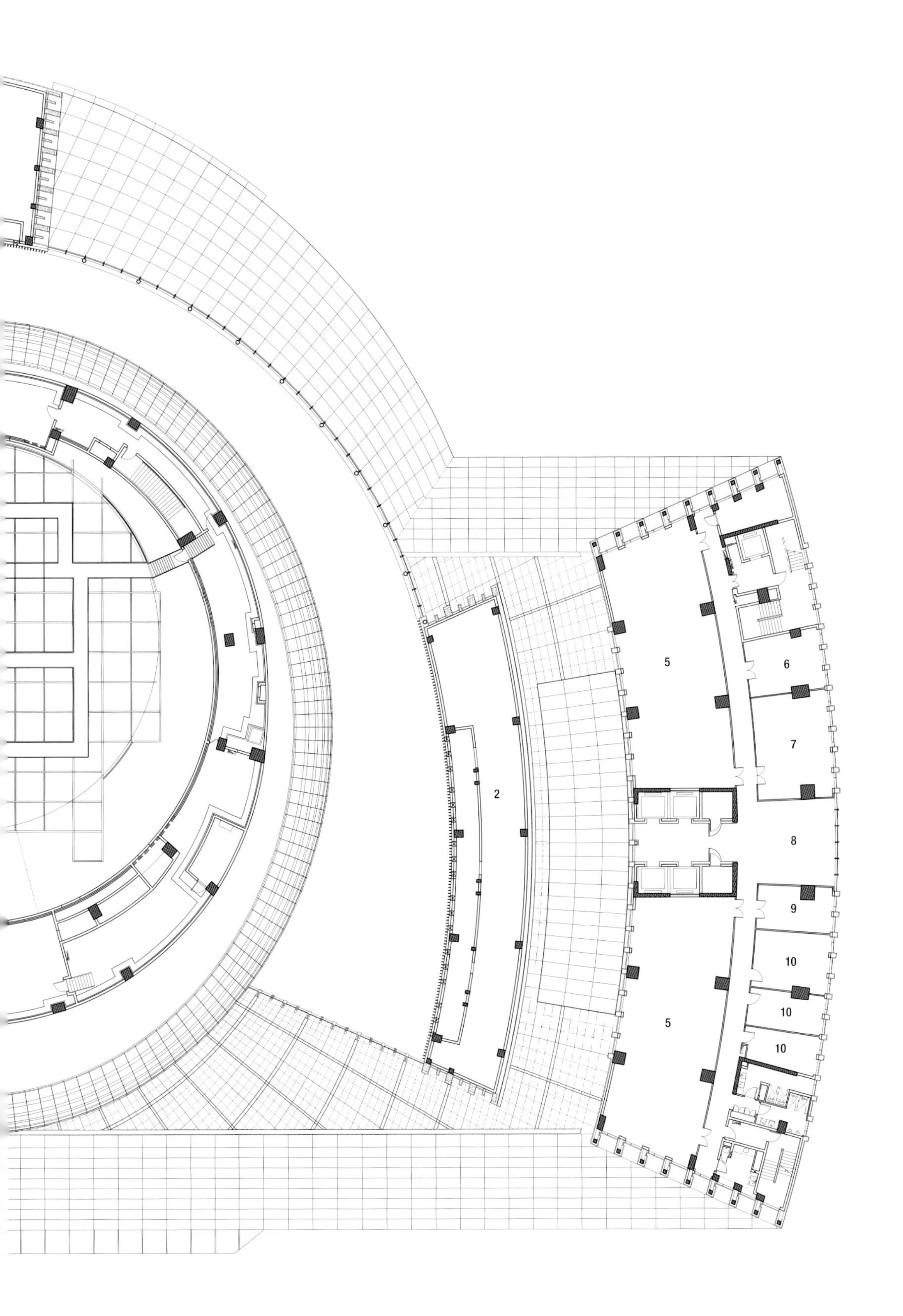
5
6
7
2
8
9
10
5
10
10
1 上空
2 屋面
3 分组会议
4 小会议厅
5 电子阅览区
6 视听室
7 期刊室
8 中庭
9 目录
10 办公

四层平面图

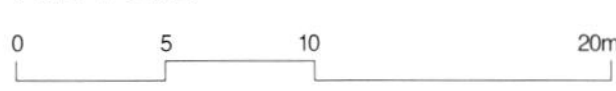
0
5
10
20m

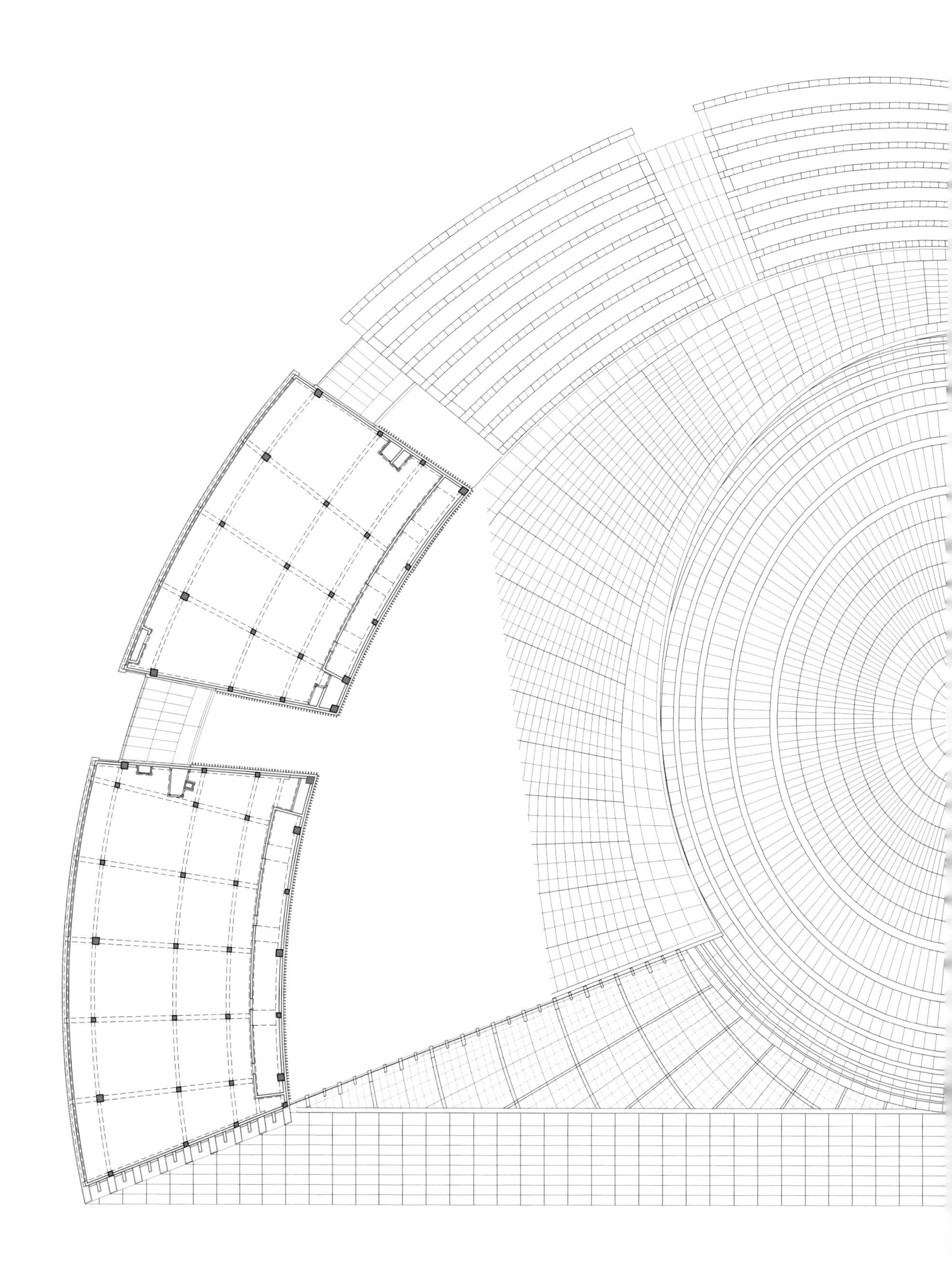

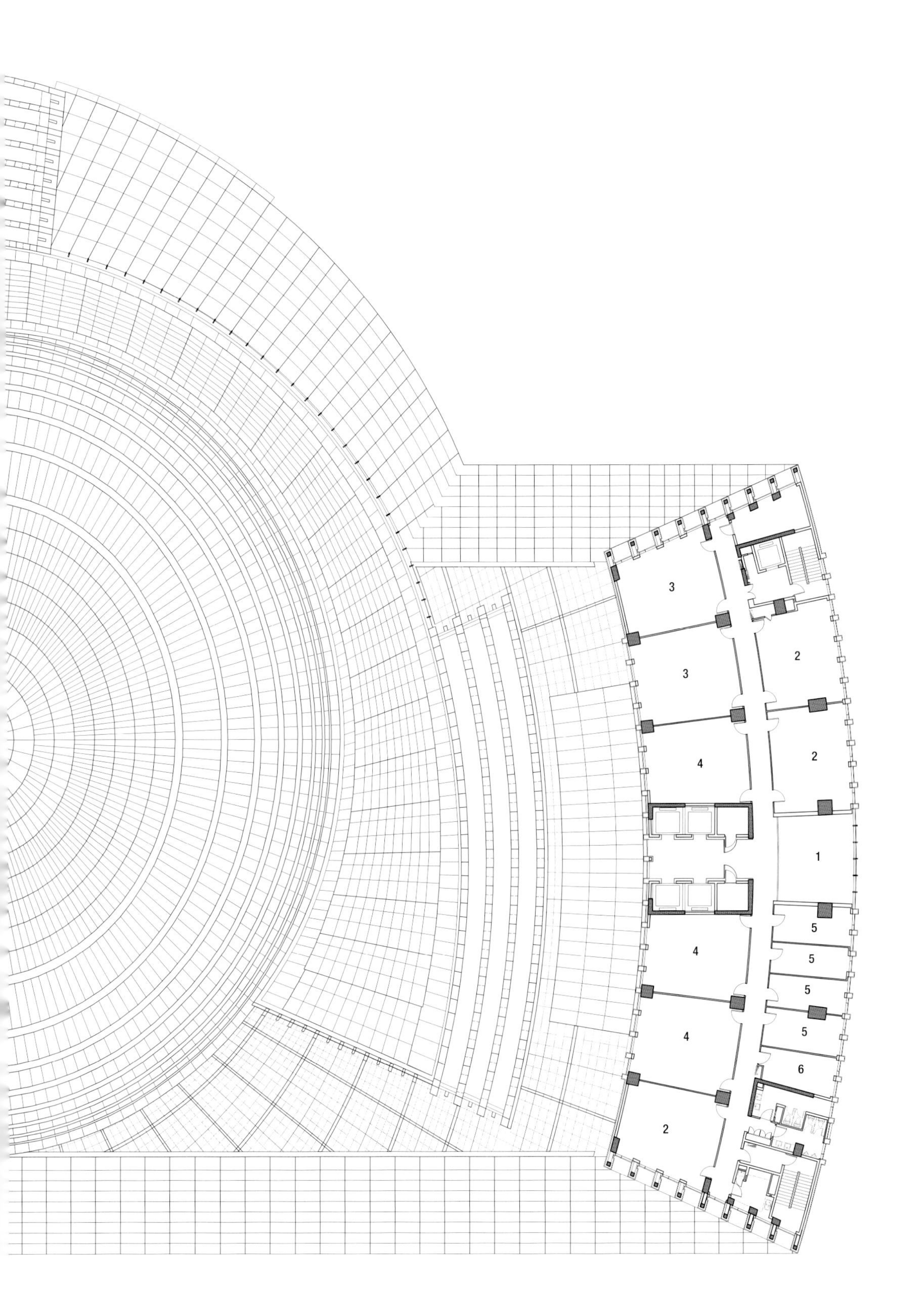

1 上空

2 教室

3 计算机教室

4 语言教室

5 办公

6 储藏

五层平面图

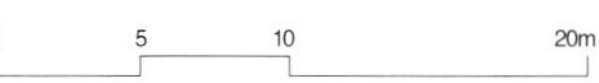

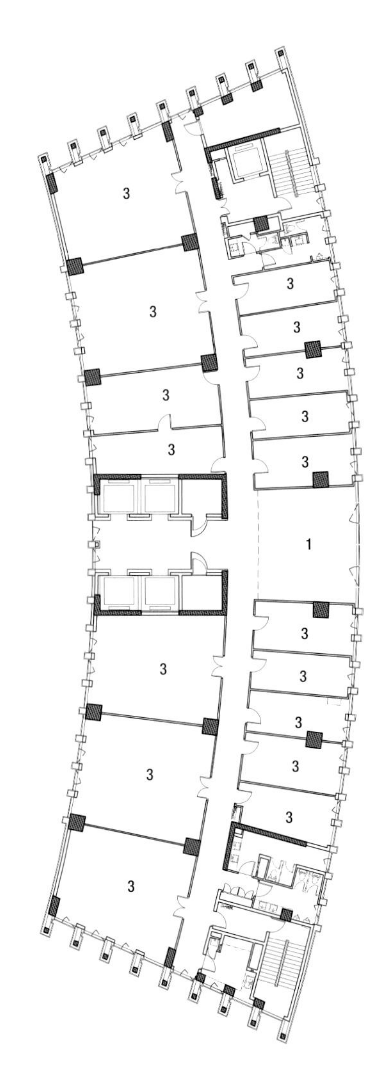

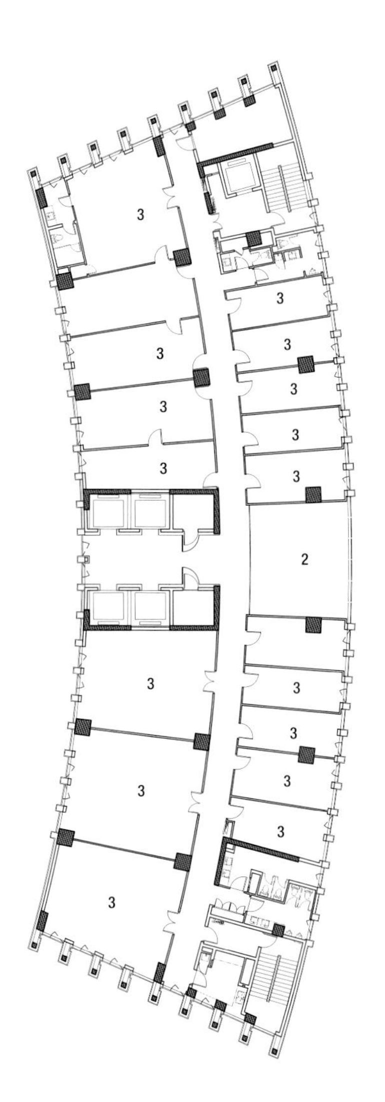

1 中庭

2 上空

3 办公

标准办公层平面图

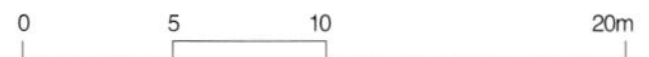

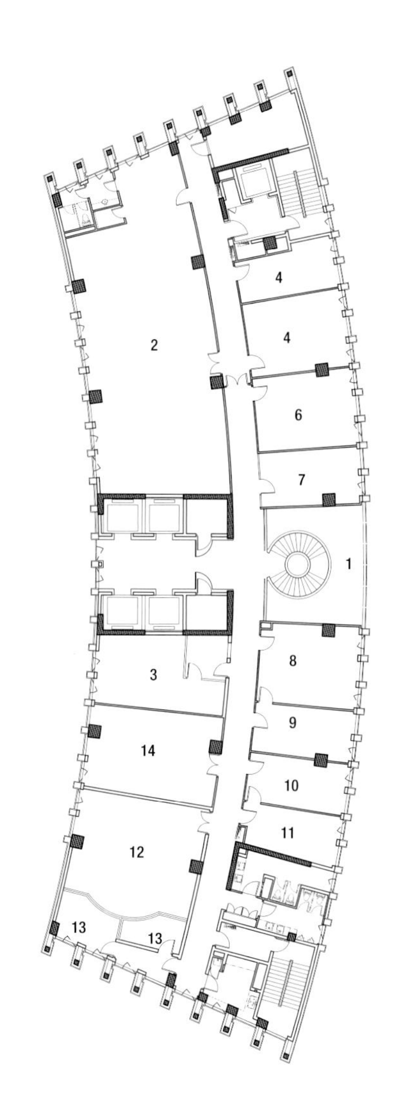

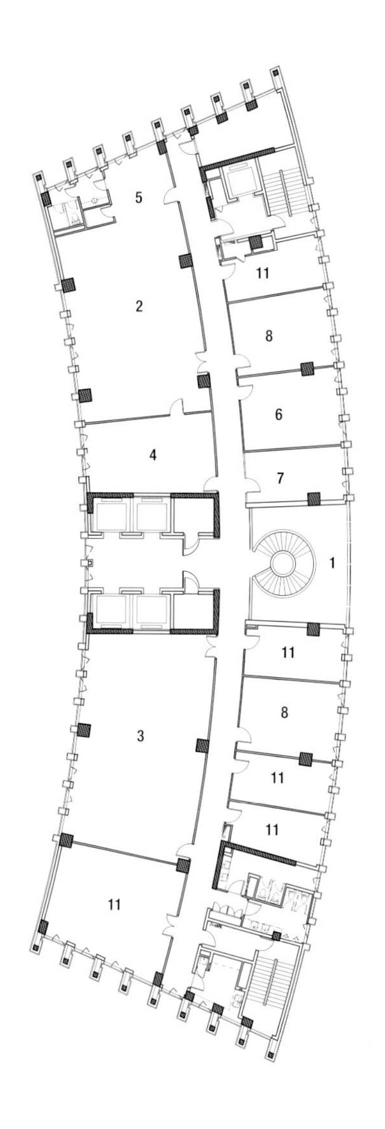

1 上空
2 主席办公
3 资料室
4 私人秘书
5 私人图书馆
6 会客室
7 保安室
8 总务执行办公
9 秘书
10 首席助理
11 助理办公
12 协调室
13 同声翻译
14 休息室

主席办公层平面图

0 5 10 20m

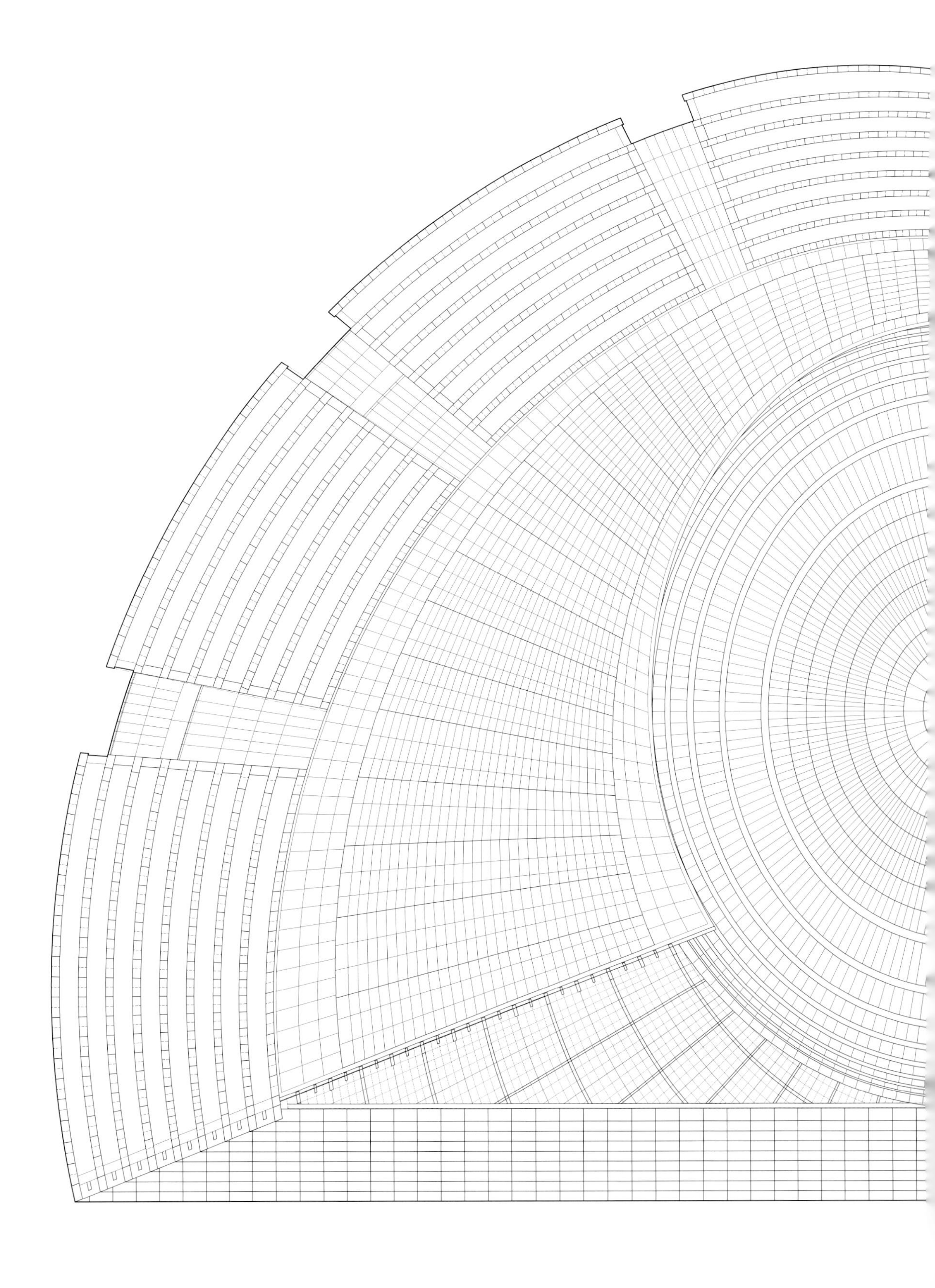

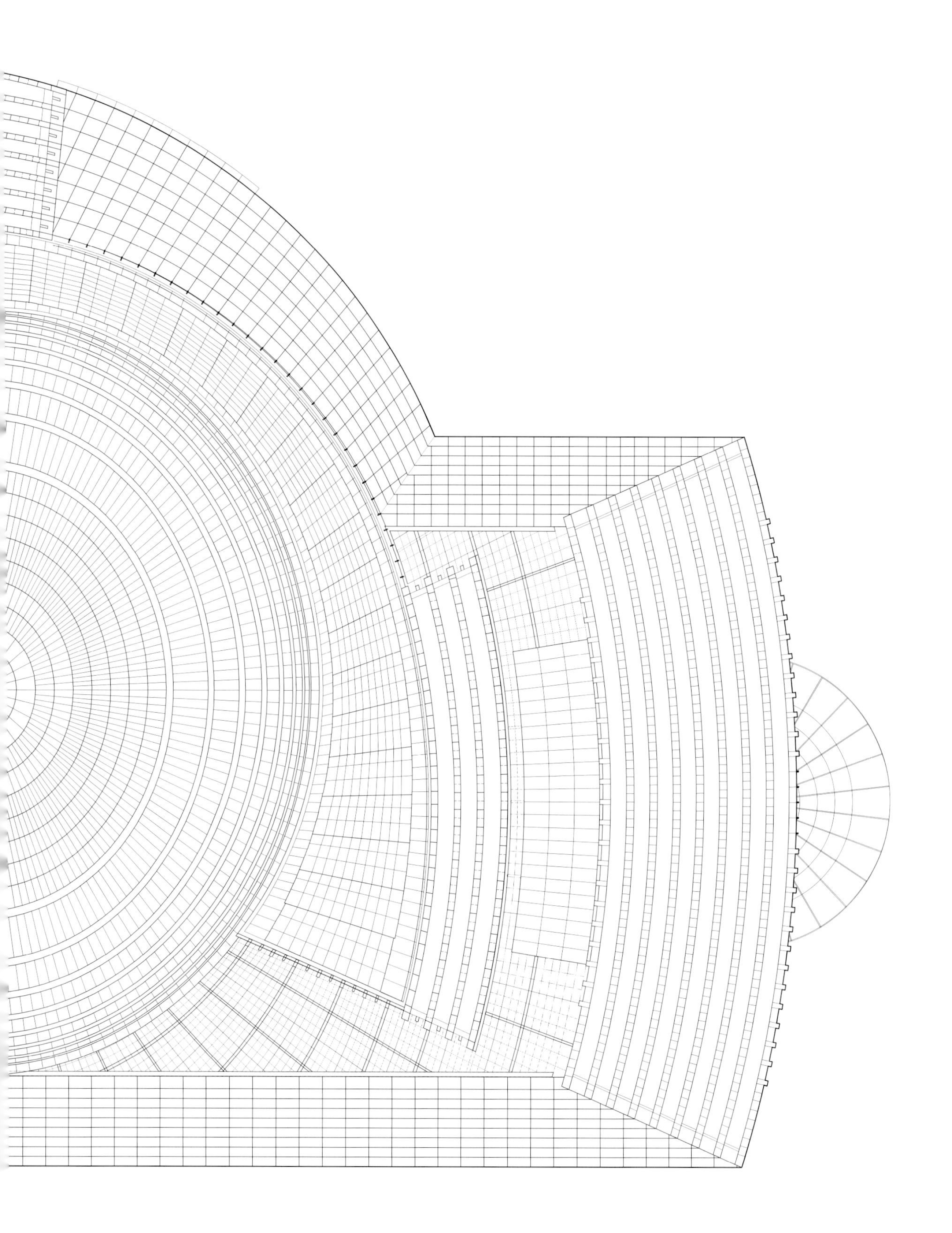

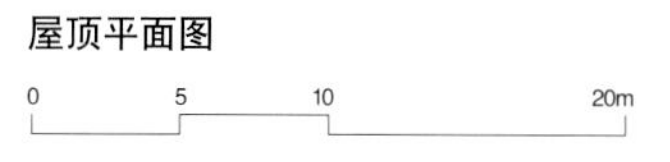

屋顶平面图

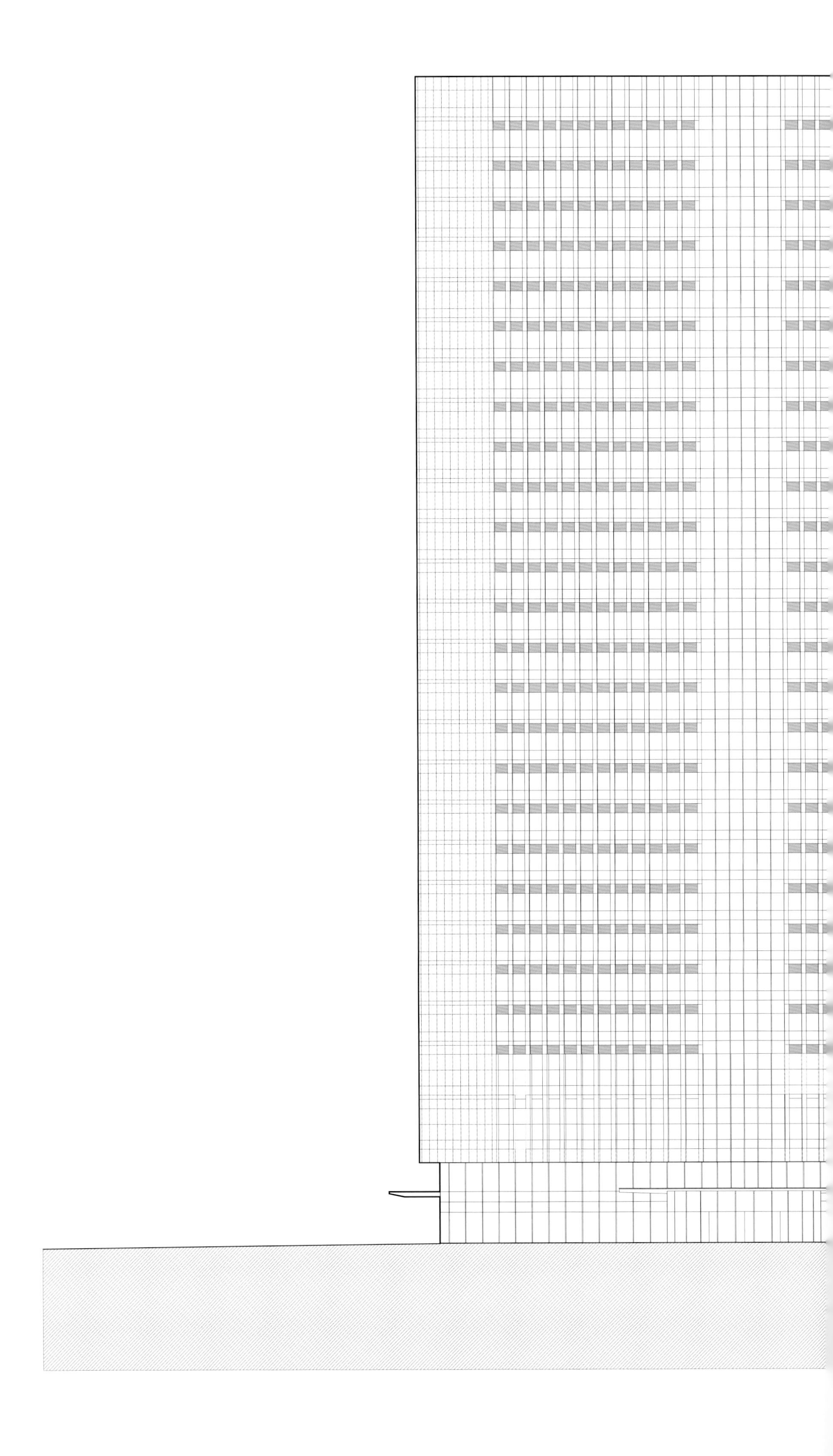

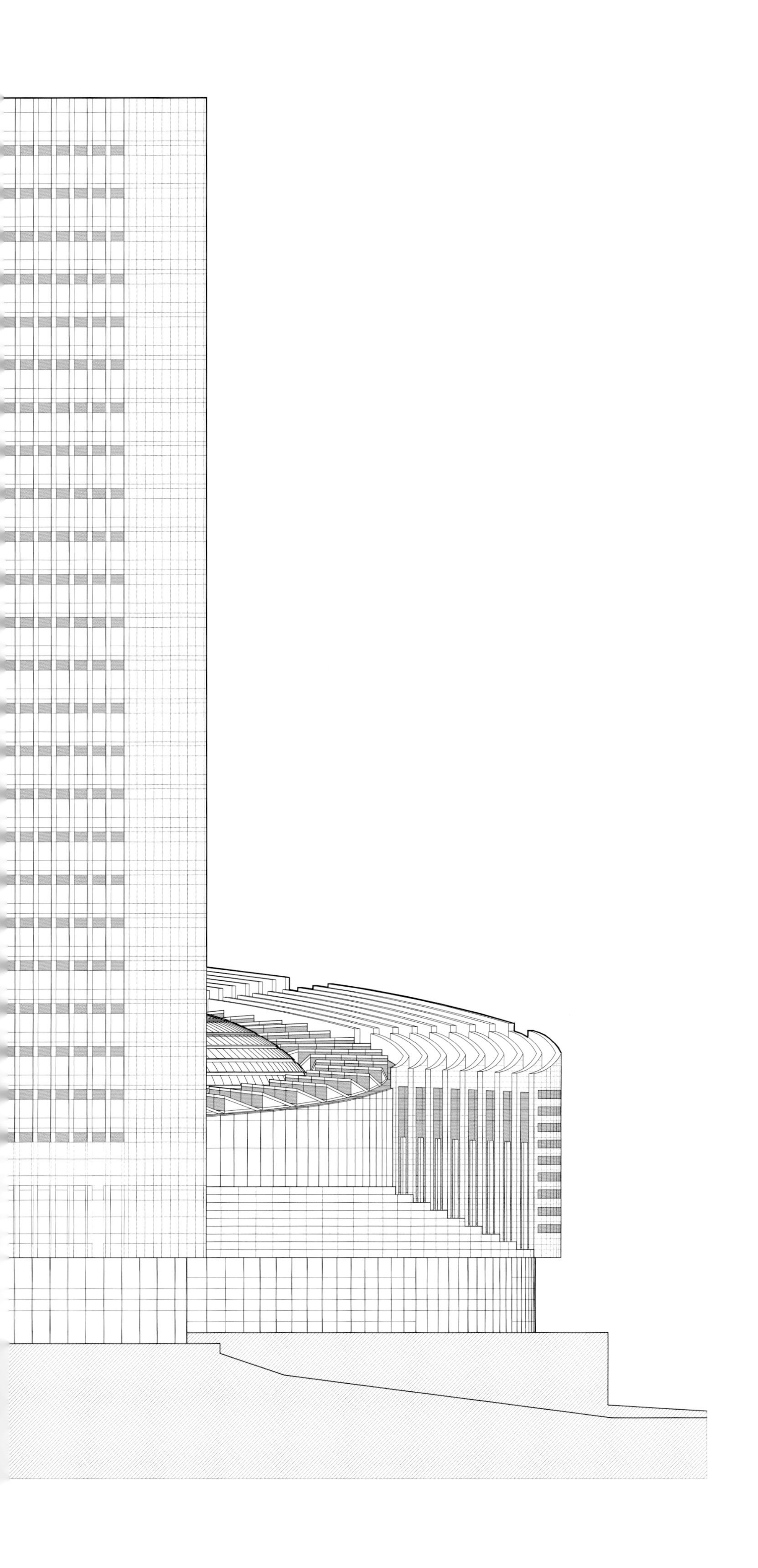

北立面图

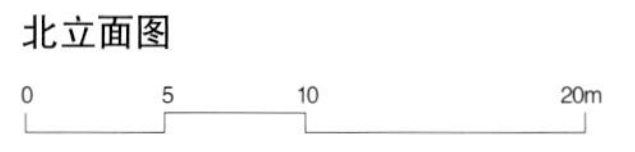

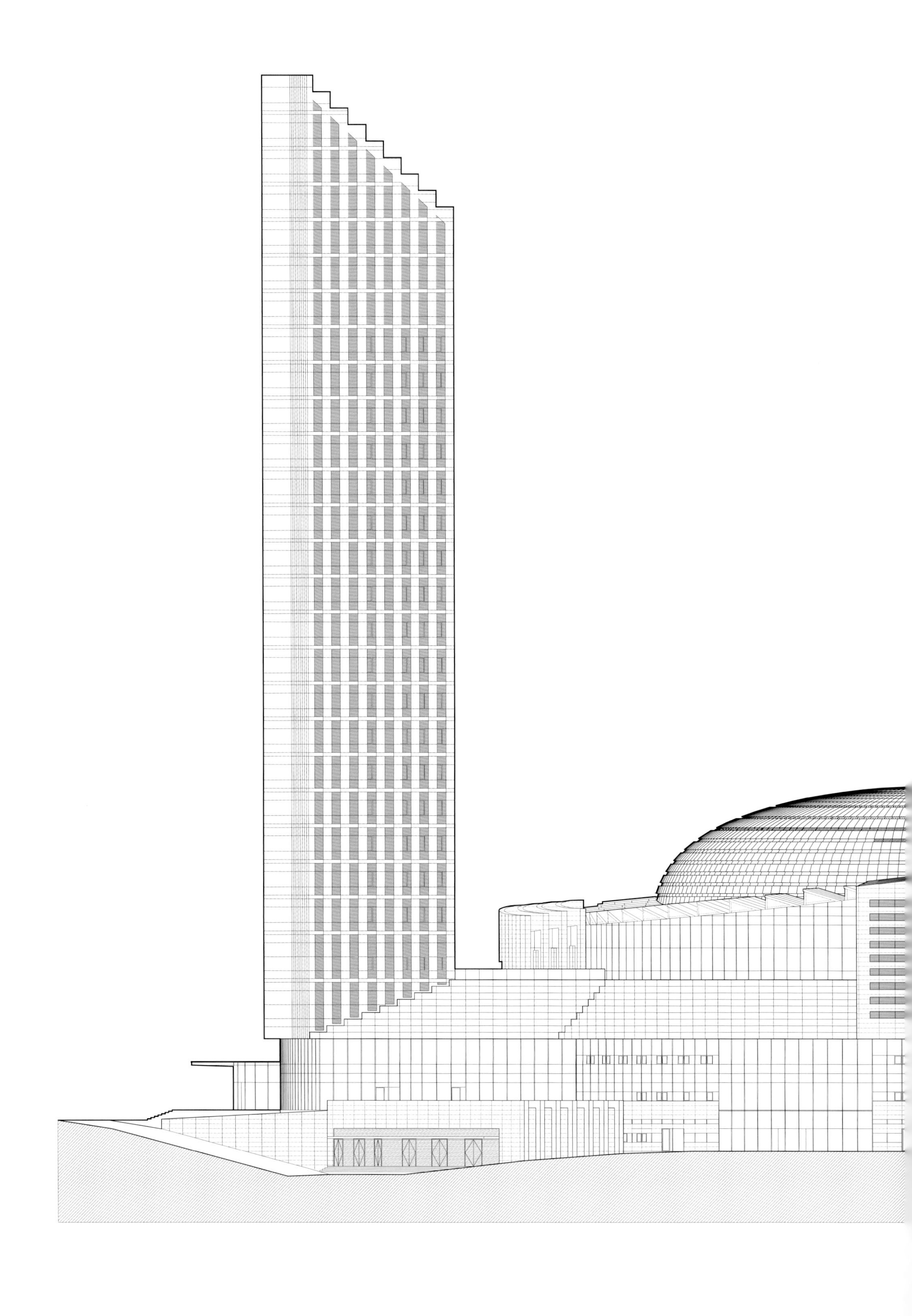

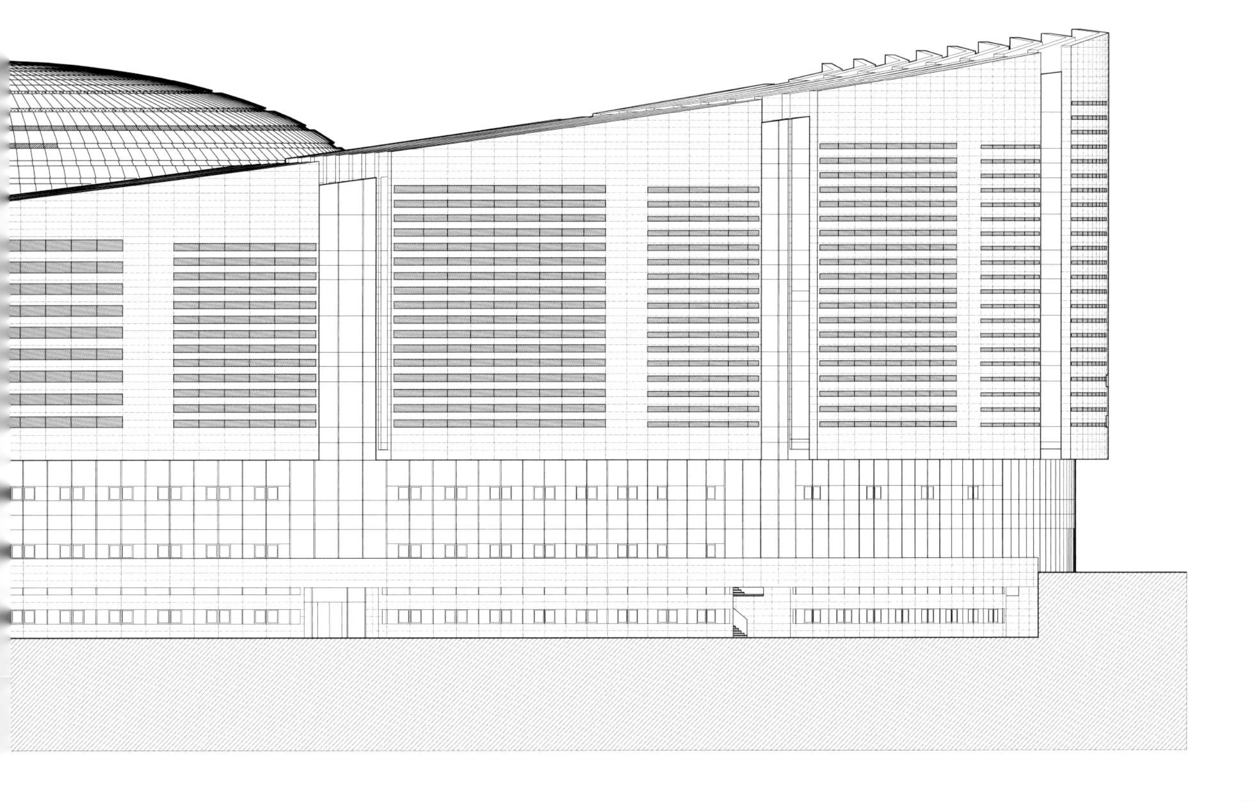

西立面图

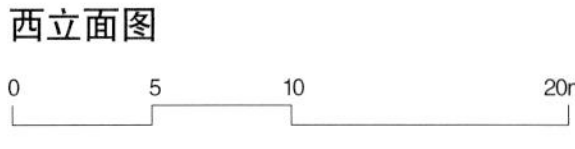

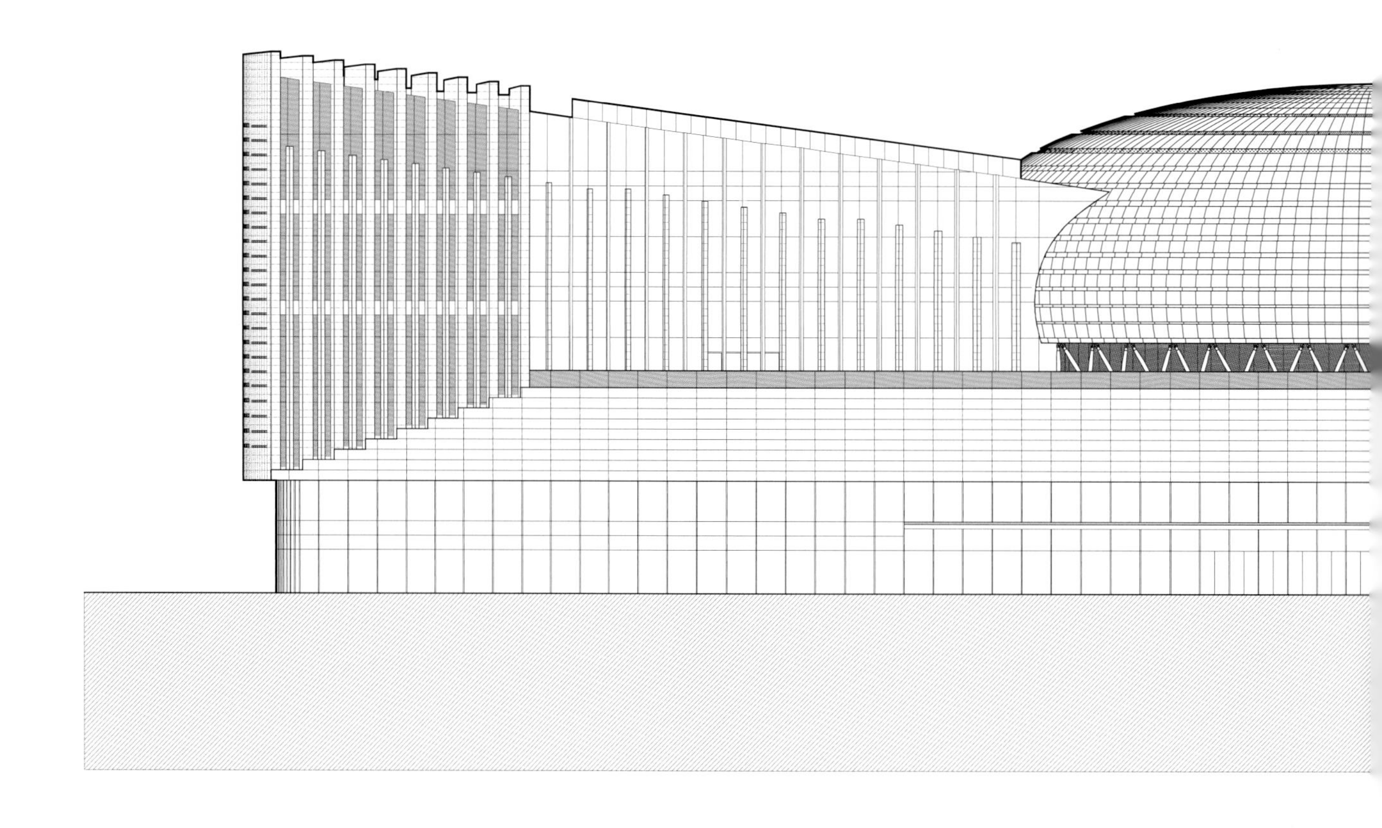

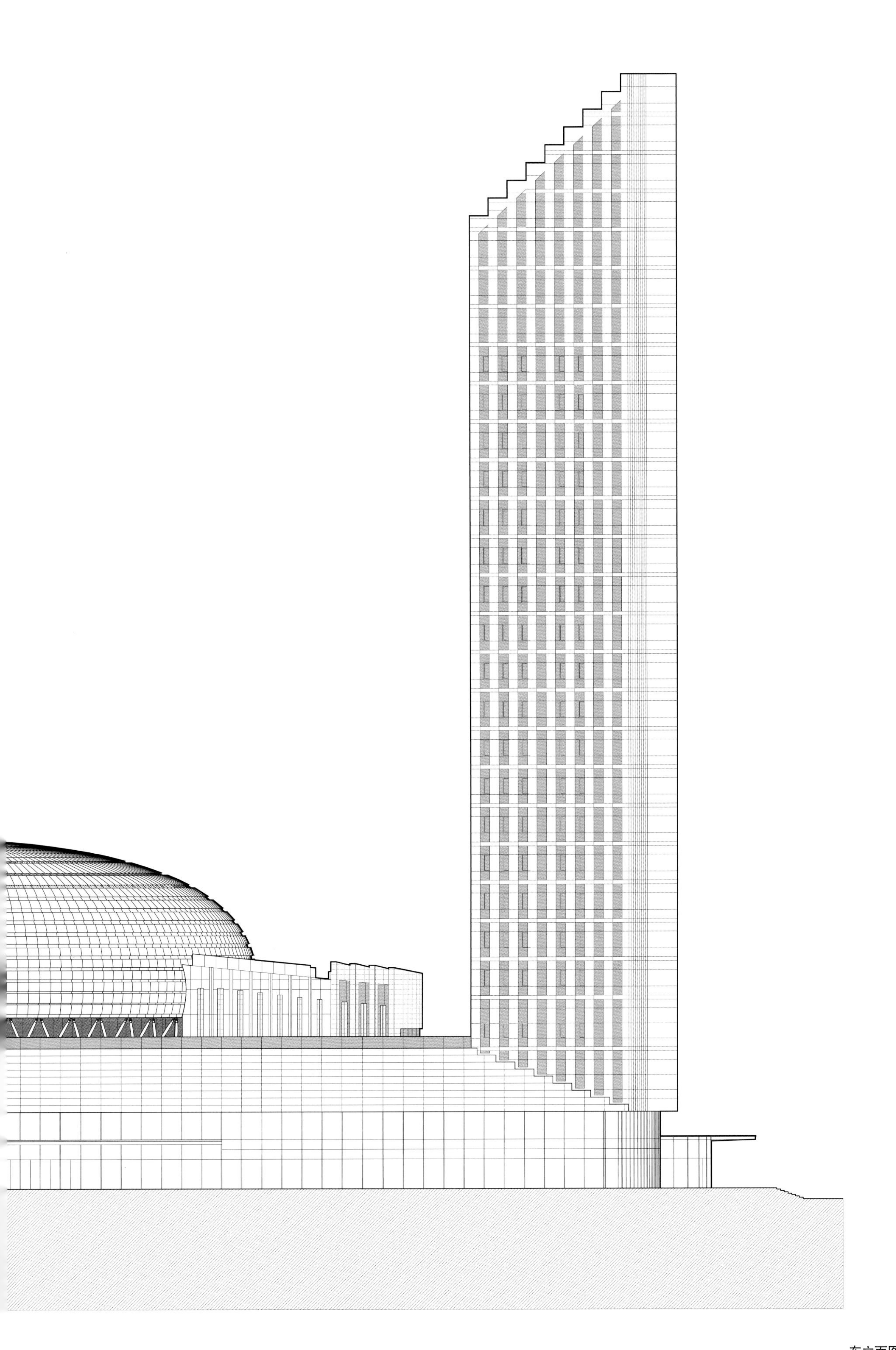

东立面图

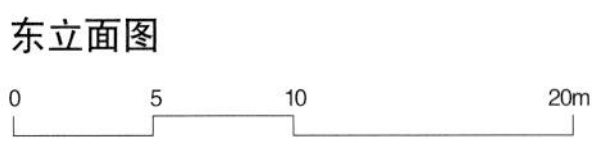

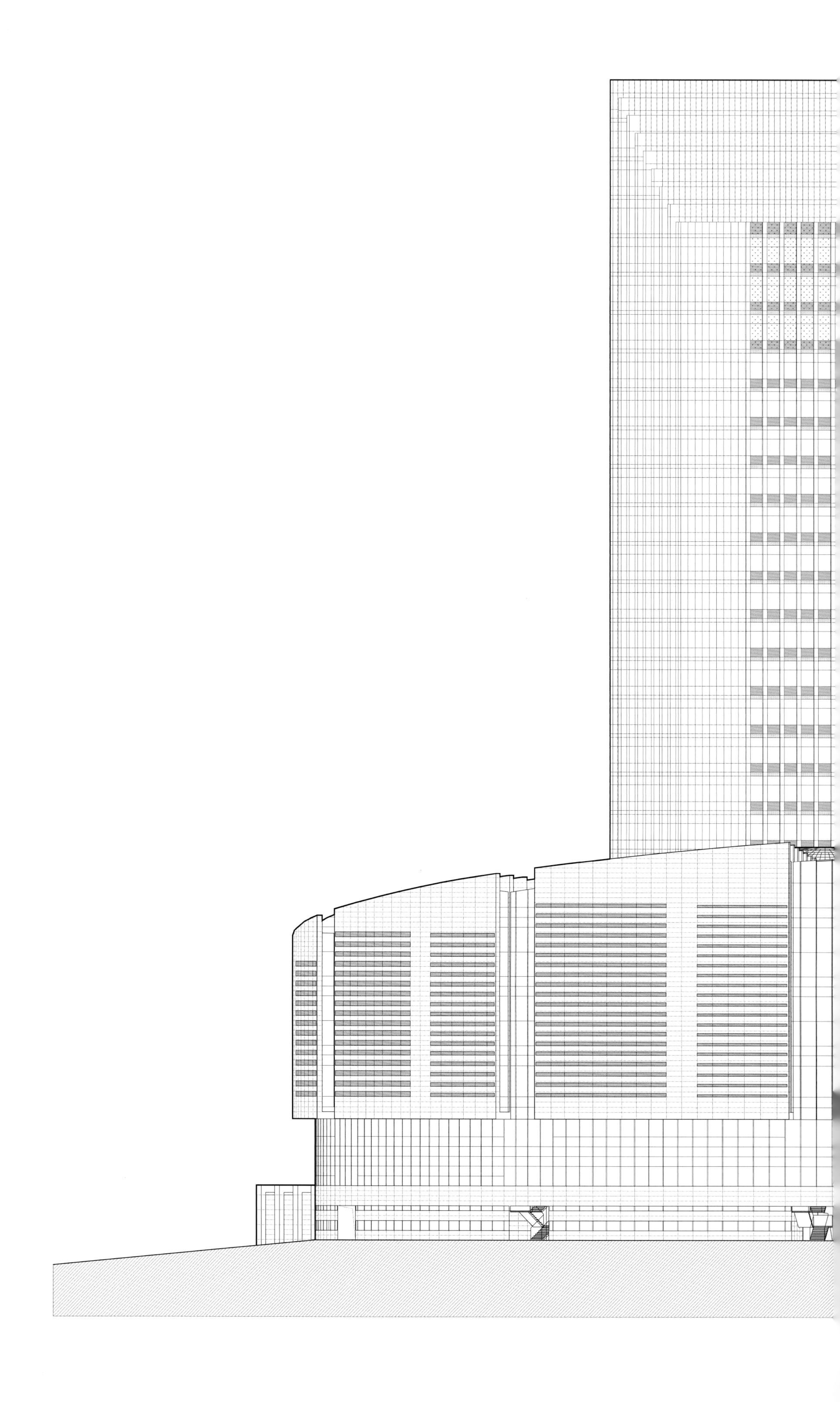

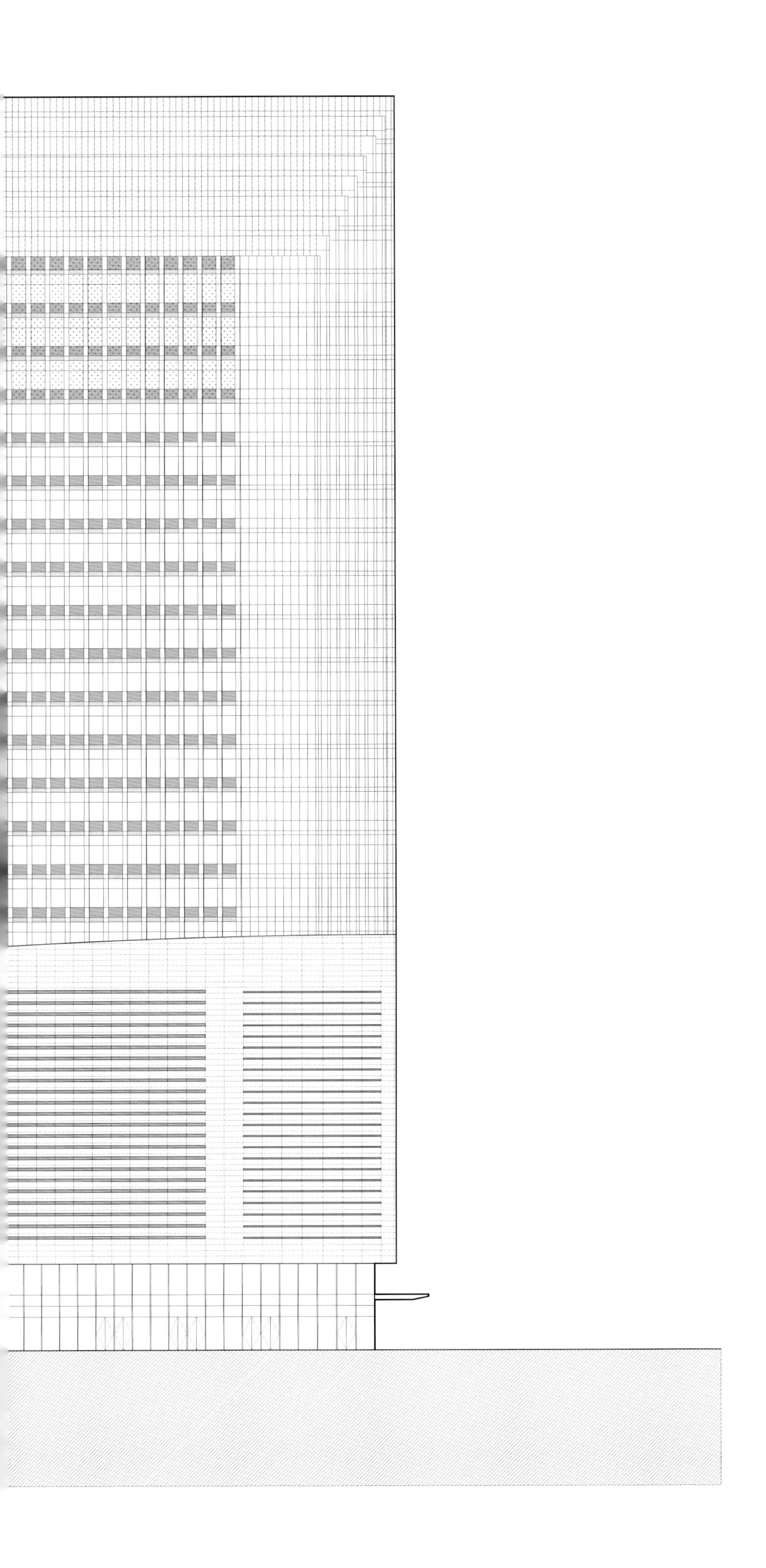

南立面图

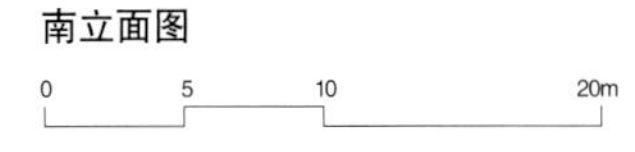

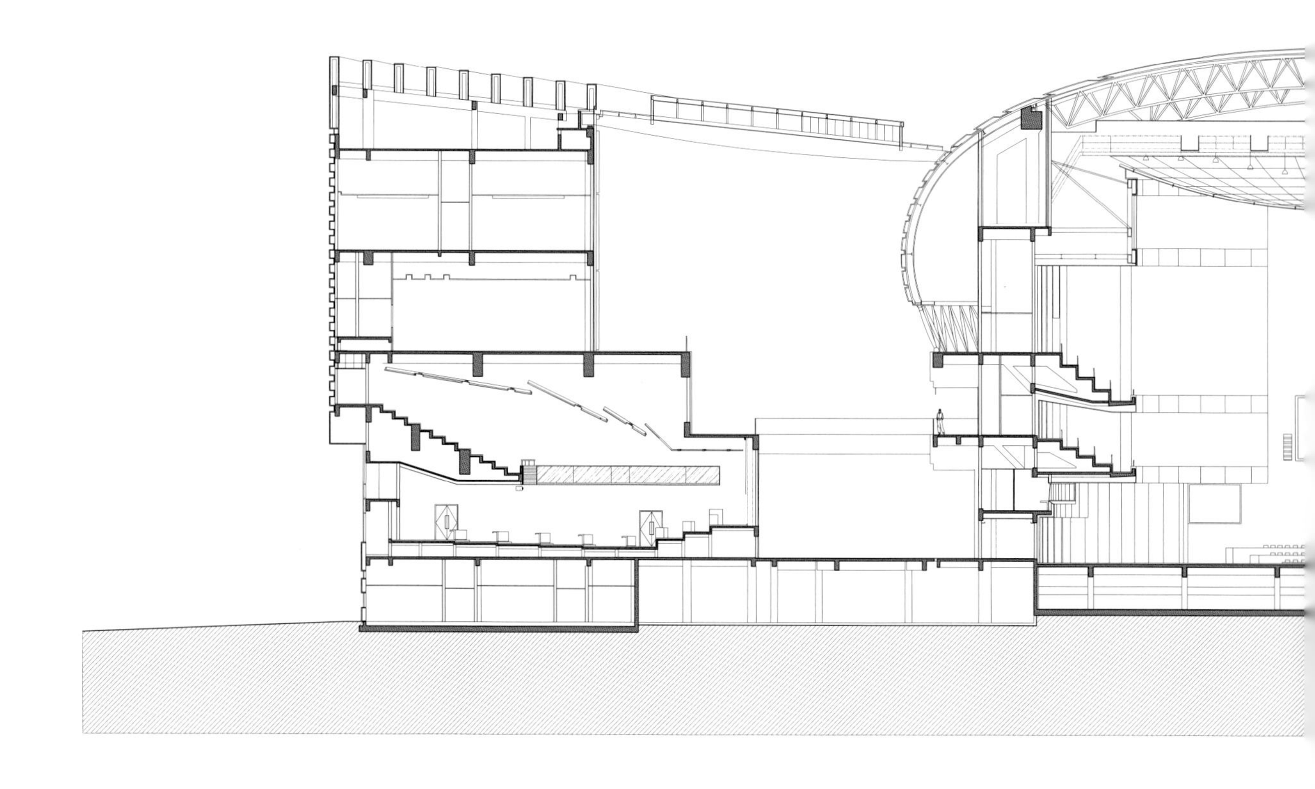

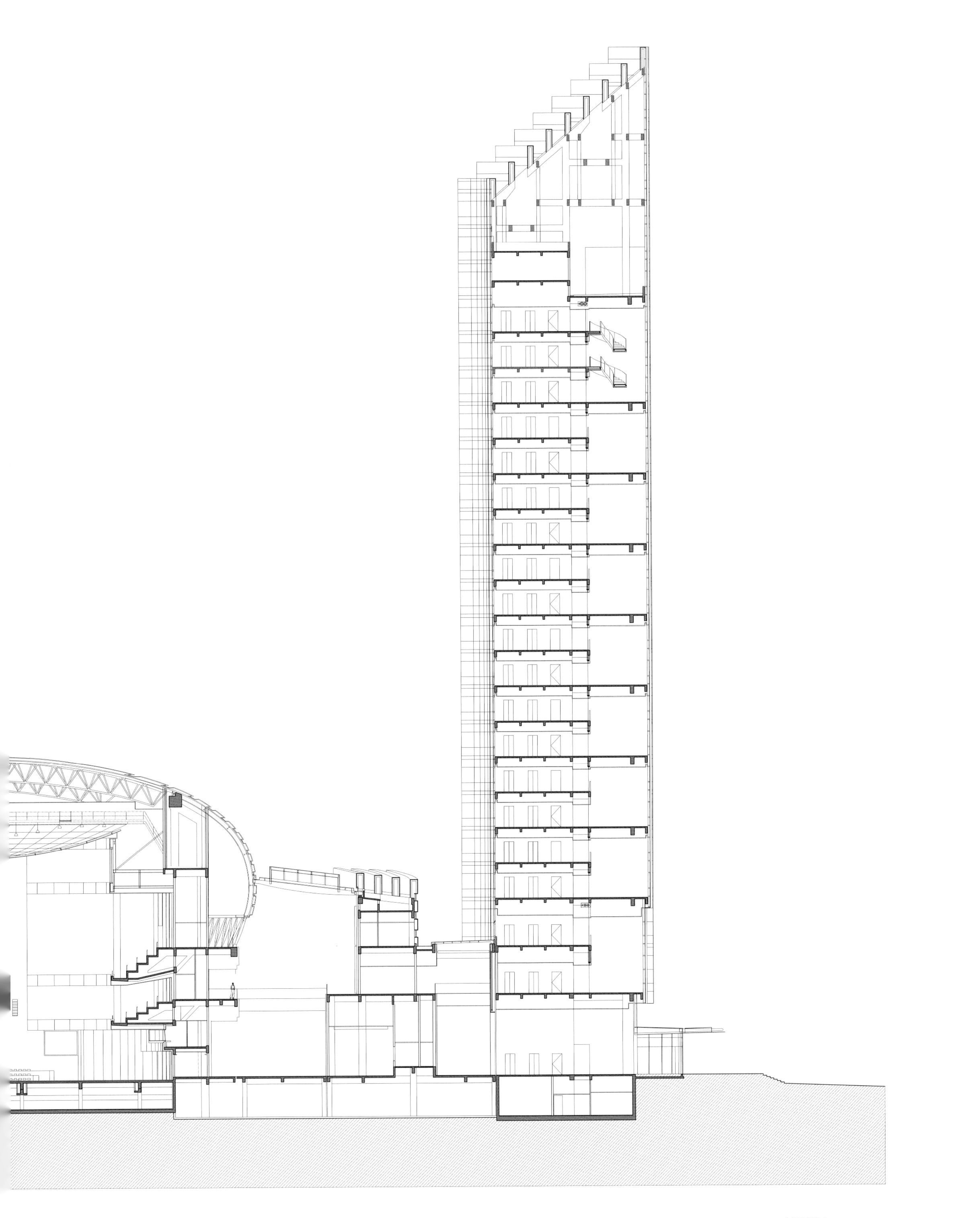

剖面图 1

0 5 10 20m

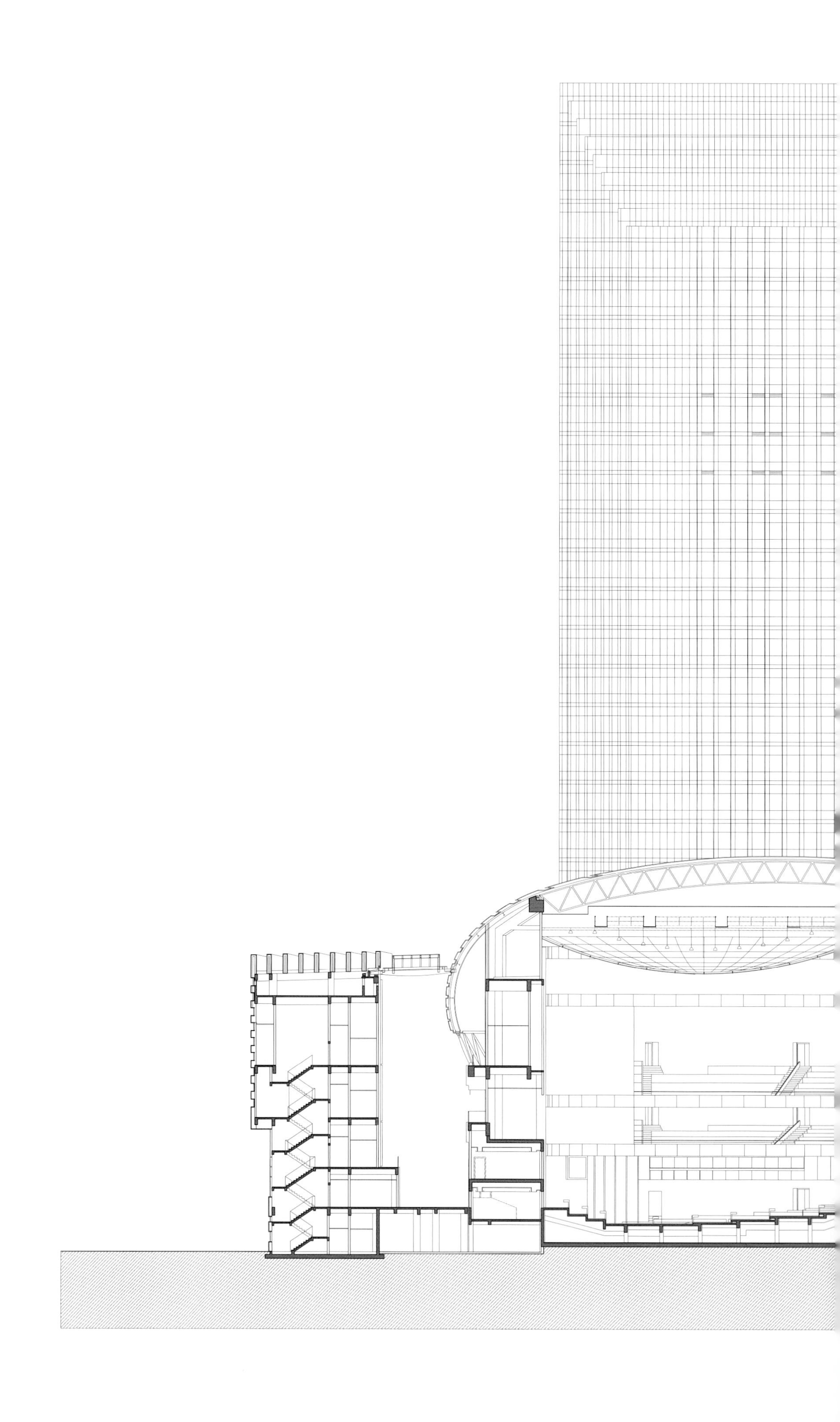

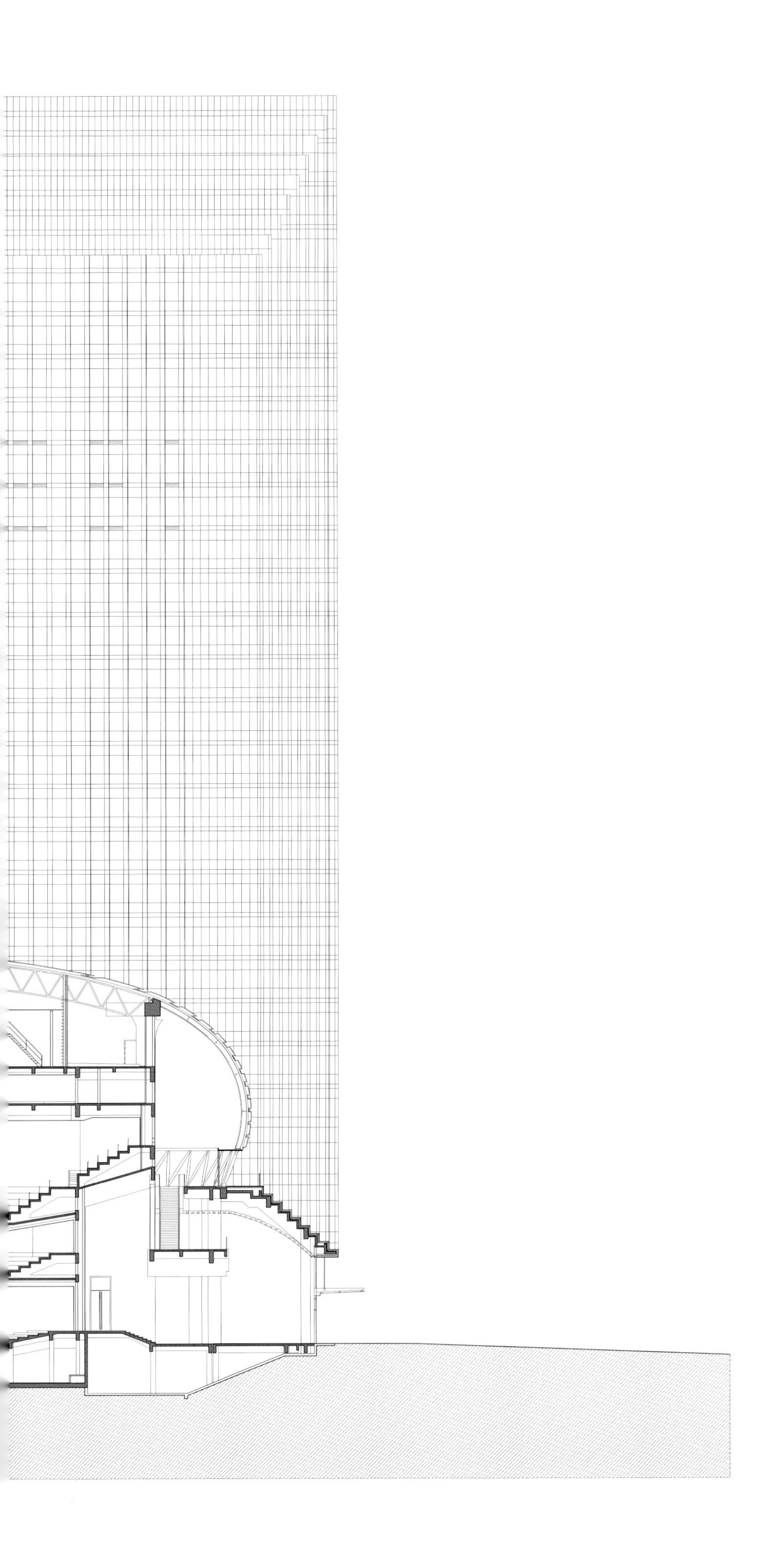

剖面图 2

0 5 10 20m

结构设计

基本原则

援外项目同时承担标准和技术输出的重要任务，因此都要求按照中国规范进行设计，但必须与当地实际情况相结合。对于结构设计而言，主要考虑岩土工程参数、抗震设防烈度、风荷载和主要土建材料等几方面的因素。

地质条件

岩土工程参数由国内的岩土工程勘察公司提供，并根据我国岩土工程勘察规范要求出具岩土工程详细勘察报告。非盟会议中心项目拟建场地综合判定场区为可进行建设的一般场地，场地类别Ⅱ类。区域地质构造和勘察结果显示，项目场地内无活动性断层通过，历史上无大的破坏性地震发生，属地震活动少、震级低的地区。因此，从地质构造和地震活动历史等因素分析，场地为相对稳定区，可进行工程建设。

地震作用与风压

埃塞俄比亚抗震规范和我国抗震规范在确定设计地震动参数时所采用的概率水平存在差异，因此，在应用中国规范进行设计时，需要通过地震烈度概率分布模型对埃塞俄比亚抗震规范中的地震水平进行相应的概率换算。[12]

亚的斯亚贝巴所处区域的设计地面加速度为 0.05g，该值在 50 年使用期内的超越概率为 39%，而我国规范是根据 50 年超越概率为 10% 来定义场地的基本设防烈度。经换算，当地抗震设防烈度约相当我国规范的 7.026 度。因此，本项目按 7 度进行抗震设防（设计地面加速度 0.10g）。

埃塞俄比亚荷载规范规定 10m 高度处 10 分钟平均风速为 22m/s（50 年一遇），其计算概念与我国规范基本相同。根据我国荷载规范，本项目风荷载基本风压取值为 0.30kN/m^2（50 年一遇），地面粗糙度类别取 B 类。

主要土建材料

结构设计关注的主要土建材料有钢筋、水泥、砂子、石子和填充墙，这些需要在前期的设计考察阶段进行详细了解，走访当地的设计院、中资企业（施工单位）、砂石料场和施工现场等。

埃塞俄比亚工业基础非常薄弱，钢筋、水泥均需要进口。砂子、石子可以在当地采购，但砂子质量不高。当地没有商品混凝土，由施工企业在现场拌制，因此，一般混凝土强度等级不超过 C30。当地生产的混凝土空心砌块可以作为填充墙，但单价较高且其产量不能满足大型工程的需要，结合中资企业的建议，采用由施工总承包企业现场自制的方案，节约了不少工程造价。

项目概况

非盟会议中心项目由二十层办公塔楼、椭球形的大会议厅和四层高的环形裙楼组成。从有利于抗震和解决平面超长等方面考虑，办公塔楼和裙楼通过设置沉降缝（兼抗震缝）完全断开。大会议厅和裙楼之间

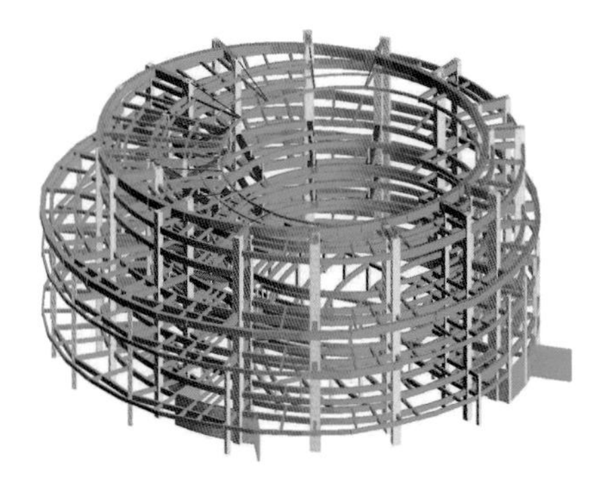

图 1 主体钢筋混凝土结构

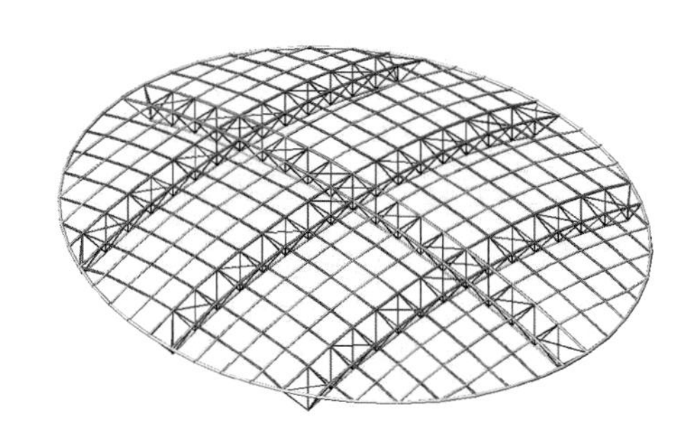

图 2 桁架加劲单层网壳屋盖

设置环形通高中庭，中庭的屋顶钢结构搁置在裙楼和大会议厅上。主楼和裙楼分别采用常规的框架 - 剪力墙结构体系和框架结构体系，现仅对大会议厅结构、中庭屋顶钢结构进行具体介绍。

大会议厅结构体系

大会议厅为椭球状，椭圆平面的长、短轴分别为 63m 和 57m。在结构设计之初就充分考虑了结构技术的先进性和施工可实施性。因此，设计中把大会议厅结构分成三部分：主体钢筋混凝土框架结构、四周的侧向钢结构支承系统和屋顶的钢结构桁架加劲单层网壳。

主体结构采用常规的钢筋混凝土结构，节约造价并便于施工。作为主受力结构，为侧向钢结构支承系统和钢结构桁架加劲单层网壳提供合适的边界条件。

侧向钢结构支承系统除承受幕墙荷载外，还用来支撑中庭屋顶钢结构大梁，搁置点采用单向滑移支座。

屋顶平面跨度约为 40m，采用钢结构桁架加劲单层网壳。壳体短方向设置了三个桁架加劲肋，长方向设置了一个桁架加劲肋。加劲桁架既为大会议厅内部的灯具和检修马道提供支撑，又为施工安装提供方便。

在钢筋混凝土主体结构顶部设置钢筋混凝土环梁，周边钢结构支撑系统和屋顶钢结构单层网壳通过铰接的方式与屋顶钢筋混凝土环梁相连。各部分结构系统既相互独立，又能可靠连接，形成有机统一的整体结构（图 1~图 4）。

1. 钢筋混凝土主体结构

主体结构形式为钢筋混凝土框架，抗震等级为一级。建筑的二、三层平面主要布置了最大悬挑约 8.7m 的看台。结合悬挑的形式，在倾斜悬挑的下侧设置了水平钢筋混凝土支撑以有效减小悬挑梁的弯矩内力。在设备层上方设置了局部结构层和环梁，为侧向周边钢结构支撑系统和顶部钢结构网壳提供支撑平台。[13]

2. 侧向钢结构支承系统

大会议厅侧向的钢结构支承系统由 3 段圆弧拼接成的母线绕椭圆旋转而成。其下部支撑在主体钢筋混凝土结构的三层平面周边梁上，其上部与局部结构层的钢筋混凝土环梁连接，上下连接处均为铰接。其结构组成包括底部树枝状支撑（无缝钢管 $\Phi 203\times12$），周边曲线状主肋梁（焊接 H 型钢 H450×250×12×22），周边环形杆件（无缝钢管、焊接 H 型钢 $\Phi 299\times12$，H450×250×12×22）和中庭大梁搁置点环向加强构件（焊接箱形梁□ 300×300×20）。为保证整体稳定，均匀设置 4 道面内水平支撑。

侧向钢结构支承系统的结构分析采用 SAP2000 进行建模分析和设计。在 1.0 恒荷载 +1.0 活荷载作用下水平挠度值最大值 16mm，为最短跨度的 1/947。竖向挠度值最大值 31mm，为最短跨度的 1/322。

侧向钢结构支承系统还用来支撑中庭屋顶钢结构大梁，因此，对此部分进行了非线性全过程分析。屈曲分析采用 1.0 恒荷载 +1.0 活荷载，一阶屈曲因子约为 17，第 1 阶屈曲模态详见（图 5）。根据网壳结

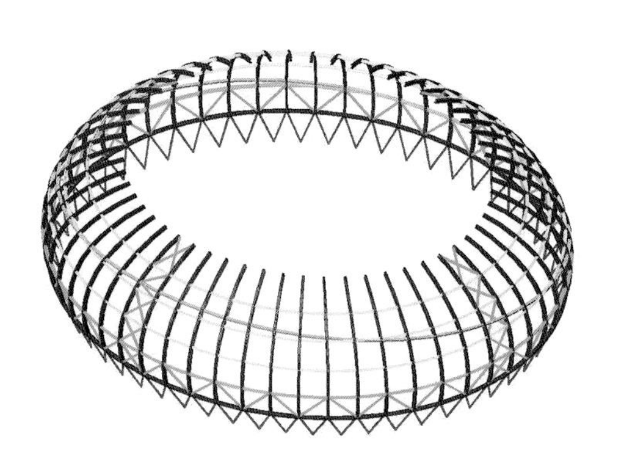
图 3 侧向钢结构支承系统

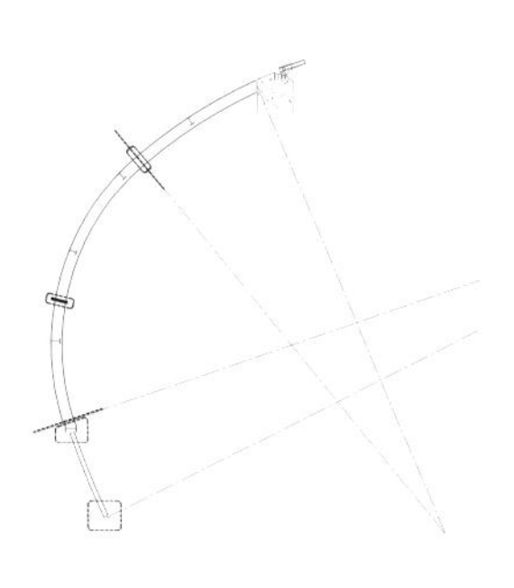
图 4 侧向钢结构支撑主梁

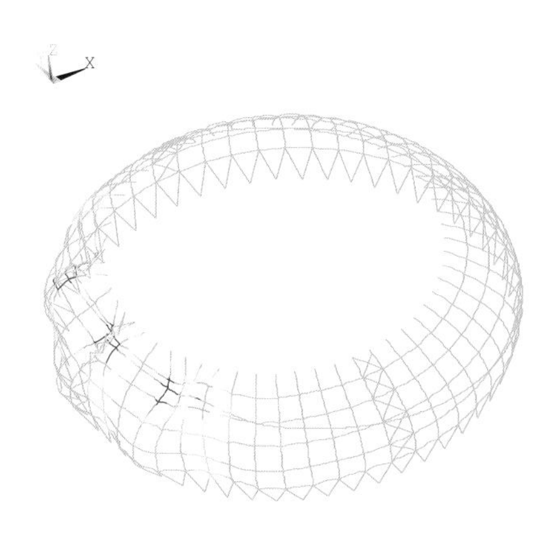
图 5 第 1 阶屈曲模态

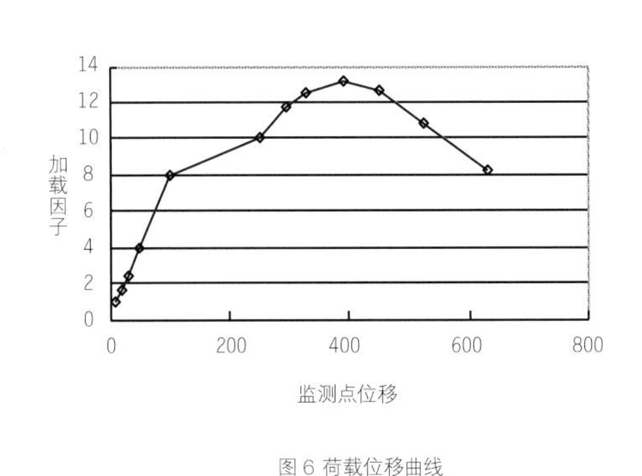

图 6 荷载位移曲线

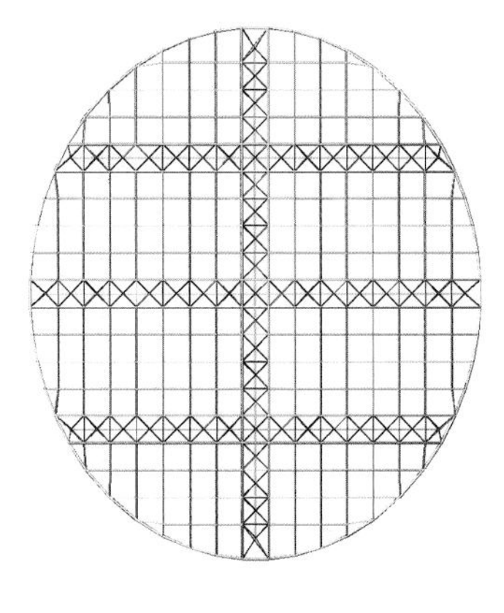
图 7 加劲网壳平面图

构技术规程对网壳结构考虑了初始曲面形状的安装偏差影响，采用了一致缺陷模态法进行了网壳全过程分析，初始缺陷分布最大值按网壳跨度的 1/300 取值。非线性屈曲的荷载位移曲线详见（图 6），根据图中可知非线性屈曲一阶屈曲因子约为 13。

3. 钢结构桁架加劲单层网壳

大会议厅屋顶的钢结构桁架加劲单层网壳外轮廓为椭球的一部分。考虑采用尺寸为 2.5mx2.5m 的正方形平面网格。在结构短方向设置了 3 道加劲桁架，在结构的长方向设置了一道加劲桁架（图 7、图 8）。桁架下弦杆主要为 Φ219×8，桁架腹杆主要为 Φ114×6，底板环梁主要为 Φ219×8，单层壳体杆件为 Φ146×10。

侧向钢结构支撑系统的结构分析采用 SAP2000 进行建模分析和设计。竖向挠度值最大值 53mm，为最短跨度的 1/754。

中庭屋顶钢结构

中庭屋顶钢结构连接着裙楼屋顶和大会议厅的侧向钢结构支承系统，整体呈环形。外弧段长约 198.6m（平面投影尺寸，余同），内弧段长约 138.5m，法向最大跨度约 41.5m，法向最小跨度约 6.9m。结构体系设计采用支承主梁（法向）+ 屋面主龙骨（环向）+ 端部刚性支撑（交叉刚性撑）。主梁一端搁置在裙楼混凝土屋顶（固定铰接支座），另一端搁置在大会议厅钢结构环梁（单向或双向滑移支座），形成整体的竖向及水平传力体系（图 9）。

1. 结构选型及布置

根据屋面形态、建筑布局及周边相邻建筑支承条件，中庭屋面钢结构结构设计上进行了如下布置和优化：

（1）建筑布局中庭连接着外部整体裙楼和内部大会议厅，裙楼设计采用钢筋混凝土框架结构，大会议厅外皮为单层钢结构网壳，中庭范围为大面积无柱开敞空间。由相邻结构可提供的支承条件和中庭的平面尺度，设计采用单向主梁支承结构；

（2）主梁端部支承节点的设计，主要

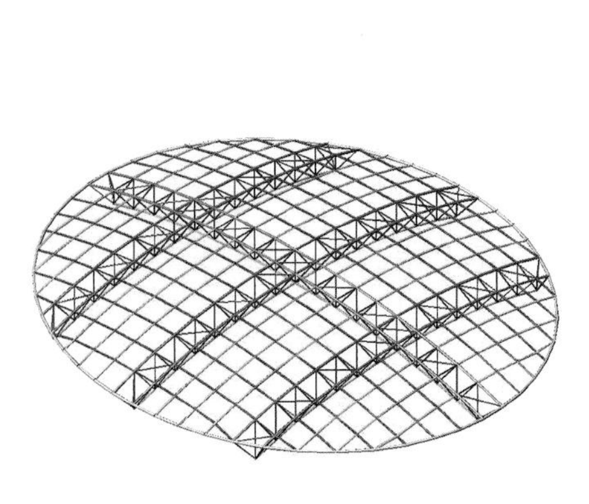
图 8 加劲网壳等轴视图

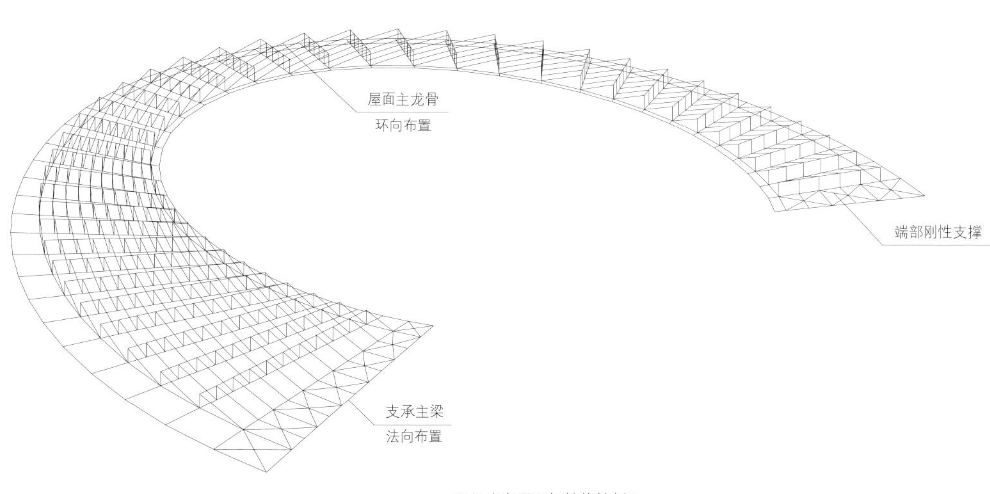

图 9 中庭屋顶钢结构轴侧图

需考虑两端支承结构的体系、形式、刚度和承载力情况。外部裙楼混凝土框架结构相对而言刚度和抗侧力较强，可有效地承受中庭屋顶钢结构传来的整体水平力，单向主梁该端节点按照固定铰接端考虑；大会议厅侧向钢结构支承系统相对而言整体稳定性稍差，同时由于几何空间关系的受限较多，单向主梁该端节点按照滑动铰接支座（成品盆式橡胶支座，图 10）考虑，主要传递竖向荷载，计算分析时进行了罕遇地震作用下的变形分析，并根据相对变形量设计支座滑移量，确保大震下不掉落。

（3）为保持屋面结构的整体稳定，设置了 3 道屋面水平支撑（刚性支撑），端部的两道水平支撑兼作为幕墙结构的侧向支撑，传递幕墙结构传来的水平荷载。因此，刚性支撑两侧的主梁与大会议厅侧向钢结构支承系统连接节点为单向滑移支座，其余的主梁均采用双向滑移支座与大会议厅侧向钢结构支承系统相连。

（4）大跨度主梁平面外稳定性，考虑到主梁最大跨度达到 41.5m（梁翼缘宽度仅 300mm），平面外稳定性成为梁截面设计的控制性指标。轻型钢结构屋盖体系设计中解决梁平面外稳定性问题，一般采用交叉刚性撑 + 刚性系杆（或檩条），本项目典型的榀间屋面次结构布置如（图 11）所示，建筑屋面造型设计为连续褶皱状，侧向采光。受制于空间几何关系，不能布置刚性系杆。因此，一方面将主梁截面设计采用弱轴方向受力性能较好的箱形截面，另一方面将屋面次结构（主龙骨）截面加强并作为主受力构件，参与整体分析。计算分析表明，上述措施有效提高了主梁的平面外稳定性和承载力，实现了预期的建筑效果。

2. 主要结构构件

屋顶钢结构主梁截面尺寸见（表 1）：

3. 主要计算结果：

从体系上保证了屋顶钢结构的整体稳定，计算就相对简单了。计算最大挠度（竖向变形）发生在 GL1 的第 2 榀，最大挠度约 150mm，相对变形 <1/ 250。

但为了消除挠度对建筑的影响，我们对所有主梁进行预起拱，预起拱量为恒载作用下的挠度。经过计算，可以统一按跨度的 1/500 进行预起拱，既能保证建筑效果又方便加工。

表1

钢梁编号	截面尺寸	材质及截面形式	分布区域（榀）
GL1	□ 850~1600×300×14×28	Q345 焊接箱形截面（变截面）	1~4
GL2	□ 750~1300×300×12×22	Q345 焊接箱形截面（变截面）	5~9
GL3	□ 650~1100×300×10×15	Q345 焊接箱形截面（变截面）	10~12
GL4	□ 500~900×250×10×15	Q345 焊接箱形截面（变截面）	13~15、38~40
GL5	□ 400~750×200×6×12	Q345 焊接箱形截面（变截面）	16~18、34~37
GL6	□ 300~600×175×6×12	Q345 焊接箱形截面（变截面）	19~33

注：1. 箱形截面腹板厚度较薄，需设置横向加劲肋，加劲肋板厚同梁腹板，间距为 2H（梁高）。
2. 钢梁（榀）从高到低顺时针编号。

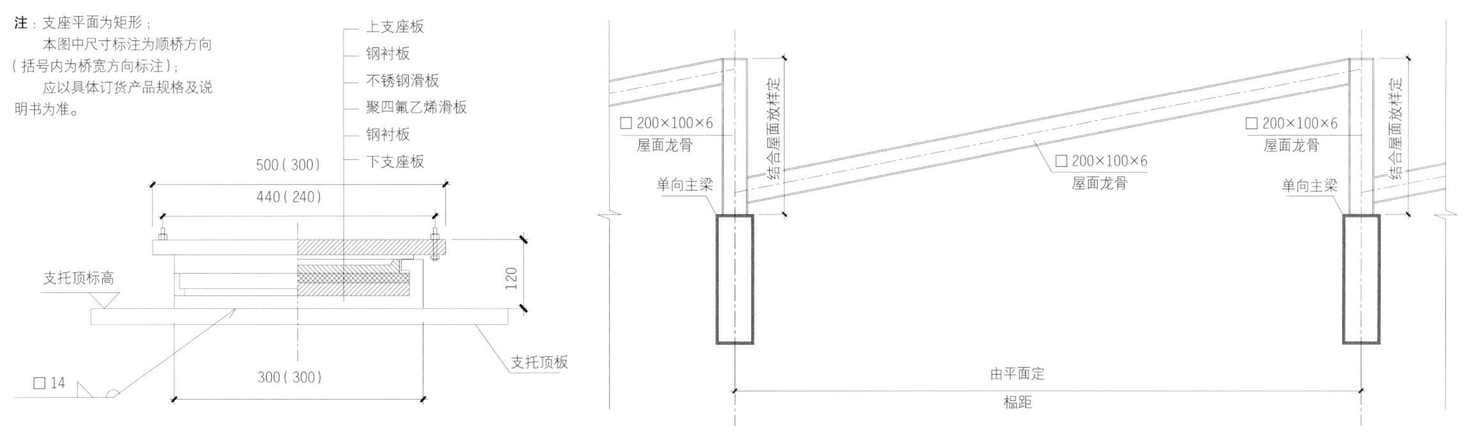

图 10 QPZ1000-ZX 型 盆式橡胶支座示意图

图 11 屋面钢结构龙骨连接示意

机电设计

对于机电系统的设计、设备选用、施工等，政策层面上需要考虑国家援外政策中对咨询行业的技术引领要求，带动国内先进产品和技术的出口，技术层面上，需考量所在国的经济技术水平、管理能力以及对先进技术的接受能力等因素。

设计特点

援外项目设计要体现中国设计及建造的水准并要符合当地规范习惯、兼顾各方面条件相对不足、施工条件差、运行能力弱的境况，因此设计时如何充分利用当地资源，结合有效的技术手段，选用合适的系统、设备、材料，是援外项目设计的主要特点之一。因此，不同设计阶段的工作内容也较国内的同类型项目有较大区别。

前期设计考察

当地没有成熟的市政配套，建设相对落后，设计前期需要对当地情况、现场条件、当地习惯做法等进行实地考察，以掌握第一手资料，所以在为期20天的时间内，机电专业与其他各专业组成的考察组一起前往埃塞俄比亚，结合各专业特点和要求，勘察现场条件、与主管部门（包括市政、消防、自来水、供电等）沟通、向当地设计院咨询（包括机电系统的设计要求、设计参数定额的选用）、考察当地的设备供应、向当地的国内施工单位和设备承包商咨询等，完成了考察报告，作为日后设计的主要依据。

设计阶段

根据商务部和非盟方的协商，非盟会议中心项目按照中国的建设规范及技术标准，并结合当地具体情况和特殊要求进行设计和施工。因此，设计和验收等均按此执行。

根据援外项目要求，设计图纸不能套用图集做法，对于二次深化设计的内容，也必须完整地体现在设计图纸中。同时，考虑施工场地在非洲的特殊性，对所有施工节点、设计要求等都要考虑并要设计清楚，即施工单位按照图纸，就能够直接施工。因此，设计工作量远超过国内类似的项目。

设计过程中对于系统的选型、设备的选用等均考虑了建成后方便非盟使用、维护以及当地习惯做法等因素。

现场配合阶段

由于项目远在非洲，所以派驻现场设计代表必不可少，配合项目整体进度，机电各专业均有现场设计代表驻扎现场。

现场机电代表的工作，一是根据设计图纸指导现场施工，并解决工地上的各种施工问题，及时反馈现场情况到国内；二是虽然材料、设备等在设计中已经明确，施工方也已经做好提前准备，但随着项目的推进以及各种不可预见的因素，还是会出现材料、设备跟不上施工进度的情况，为保证项目的进度，设计需结合现有材料，及时调整设计内容，并配合施工方现场修改；三是及时保证各类资料存档，用于日后项目验收移交；四是为保证现场施工与设计吻合，设计代表还需对所有到达现场的设备、材料等进行开箱检验，以保证其符合设计要求。

项目在施工过程中还需要接受各方的阶段性检查，目的是保证项目进度、施工质量。

给排水专业技术特点

1. 项目特殊性

虽然当地条件有限，但考虑非盟会议中心的重要性，对于供水、排水、消防安全性、减少对环境的影响、合理采用节能措施等都要因地制宜地加以考虑。

2. 给水系统的保障措施

当地水资源不足，市政管网供水可靠性差，时常停电和断水。因此，设置可靠的供水系统及二次供水设备，确保日常供水，尤其是会议期间的生活用水是本项目给水设计的重要内容。

为此，地下室生活水池容积按最高日用水量的 3 天存储，并加强水质保障措施。另外结合当地实际情况以及主管部门意见，室外再设置一口深井及一台深井泵，抽取地下水作为生活用水的辅助水源。深井水主要用于绿化浇灌和场地冲洗，在市政管网供水不足或中断时，可以补充生活水池。审核当地地下水的水质情况资料，均满足当地生活饮用水水质要求。

3. 场地雨水排放

当地市政雨水设施匮乏，雨水均自流排放，经现场勘探，在基地内有一条天然形成的排水冲沟可作为场地雨水排放使用，冲沟的截面、坡度等均满足场地雨水排放的要求，但构造不规则且无法与场地布局、景观要求等匹配。经与土建专业协商后，把原有自然成形的敞开冲沟改造成为钢筋混凝土的密闭管涵，并局部改道，既满足了场地雨水排放的要求，又满足建筑对场地布局、功能的要求。

4. 大会议厅屋面雨水系统

当地分为雨季和旱季两个季节，雨季时短时间雨水量较大。根据当地提供的雨水量统计资料以及现场亲身体验，设计中特别加强了对大屋面的排水量、天沟、防水节点等的考虑，力求保证大雨时屋面排水的安全。

其中，大会议厅屋面为球形屋面、四周为中庭环廊的双曲面玻璃幕墙屋面。球形屋面雨水设计由四周的雨水暗沟截流后重力排放。双曲面屋面在内外设有两条天沟收集雨水，屋面下方为大空间的中庭环廊，屋面又为玻璃构造，天沟下无法直接设置雨水斗和雨水横管，故在较低处设有几条横向的明沟连通内外两条天沟，引导内天沟雨水至外天沟，并在外天沟的最低处设排放口，引导雨水直接流入附近的土建雨水池，池内设置虹吸雨水斗集中排放。当地没有暴雨强度公式，设计时通过分析当地的历年雨水资料，参考相似情况的国内暴雨强度公式作为计算公式，以推算雨水量，并结合考察情况适当放大。设计同时考虑溢流措施、屋面防水措施。设计期间也会同相关专家进行技术沟通并反复论证，从各个方面对排水系统进行分析，最终形成一致意见，落实到设计中。

5. 节水节能措施

考虑当地供水紧张，卫生洁具均采用节水器具，压力供水采用变频泵供水的方式，员工淋浴间采用集中太阳能热水系统辅助电加热的做法，太阳能集热板结合建筑布局设在浴室屋顶。为充分利用太阳能，热水储罐总共储存一天的热水用量。室外绿化灌溉采用喷灌的方式，以节约用水，提高灌溉效率。

6. 消防设计

由于当地没有完整的消防规范，消防设计执行中国的消防规范，同时需考虑当地的消防扑救能力、消防设施的配套情况。非盟会议中心为一类高层建筑，建筑物耐火等级为一级。因当地市政供水可靠性较差，时常断水，基地附近只有一路市政管网，且整个基地只有一路进水。为保证消防用水可靠性，室外单独设置地埋式消防水池，储存了室内外一次消防用水的水量，同时利用深井泵提供稳定的辅助消防供水。

室内为临高压消防系统，设置消火栓系统、喷淋系统、灭火器等。室内消火栓采用国内标准的设备，接合器及室外消火栓则采用当地使用标准的设备，以匹配当地的消防车。

暖通专业技术特点

1. 空调冷热源设计

非盟会议中心项目所在地无市政热网。根据当地气候特点，全年日平均温度不超过 25℃，不低于 14℃，可以考虑的空调系统设计冷热源方案有以下几种：风冷热泵、多联式空调系统、地源热泵。虽然地源热泵为绿色节能的空调系统，且能同时满足供冷与供热要求，但地源热泵系统造价较高，地埋管施工难度大，且后期运行维护要求较高（运行管理出现问题容易导致冷热平衡失调，从而导致系统失效），考虑到当地经济条件及维护人员技术水平，未采用地源热泵做为冷热源。根据当地气候特点对风冷热泵、多联式空调机组等空气源机组的运行是十分有利的，这样的工况下，风冷热泵机组（多联式空调机组）效率较高，运行费用较低。加上风冷热泵（多联式空调机组）系统产品成熟、维护管理较方便、机组使用寿命可达 20~30 年等特点，通过多方面对比，最终选择了风冷热泵为主多联式空调机组为辅的冷热源形式。

2. 空调末端设计

在非盟会议中心项目暖通设计中，充分考虑当地气候特点，研究得出项目的空调设计方案，确保建筑既节能、环保，又能达到相对高的舒适度要求的室内热环境。

（1）会议中心（包括大、中会议厅）以及四层以下内区人员长期停留的房间设置一套集中空调系统。集中空调系统末端均为全空气系统：大会议厅、中会议厅的送风方式为座位下送上回方式，每个座位的送风量为 45~50m^3/h，送风柱内气流流速为 1m/s，送风孔风速 ≤0.25m/s，保证座位上的人员既不会有强烈的吹风感，又能有较舒适的冷热感。医疗中心采用直流式全新风空调系统。一台空调箱负担多个房间时，房间的送风系统设置压力相关型 VAVBOX 装置，实现各个房间独立、灵活控制的控制要求。送、排风机均为变频调速电机，过渡季可实现全新风运行，从而起到良好的既能效果。

（2）主楼 VIP 办公区采用变制冷剂流量多联分体式空气调节系统（冷、暖两用），室外机设置在主楼层顶。利用变制冷剂流量多联分体式空气调节系统控制灵活的特点，很好地满足了不同办公室中人员不同的空调需求。

3. 通风系统设计

自然通风可在不消耗可再生能源情况下降低室内温度，改善室内热环境，还可提供新鲜、清洁的自然空气，有利于人体的生理和心理健康。根据亚的斯亚贝巴良好的室外气候条件，在设计之初便定下了最大限度利用自然通风的原则。

主楼十八层至二十层办公区新风采用窗式通风器系统，通风器与幕墙及室内装饰相结合，做到了开启方便，安全且造型美观。房间内设置机械排风系统，使房间内形成微负压，新风由于负压及室外风压共同作用，通过窗式通风器进入室内。

项目中另外一个采用自然通风设计的重要空间——“围绕大会议厅的高大中庭环廊”在设计过程中也与建筑专业紧密配合，巧妙结合建筑造型特点，通过屋面布置的天窗与一层门洞间形成的热压差，使中庭内空气自然流通起来，排除了余热、余湿，达到不设空调也让处于中庭内人员有较舒适冷热感的要求。

电气专业技术特点[14]

电气系统是支撑建筑运营的核心系统，在设备选型和参数选择上经过严格的考虑，不仅避免运行故障和减少事故，还可以降低前期投入和后期运营的成本。

1. 当地电力供应及气候影响因素

当地经济较为落后，电力全部依赖水电。因电力设施和水力设施建设的落后，随机停电频率为每日 3~5 次，所有重要的办公和商业场所都自备柴油发电机。

常规型电气设备的电气参数及设备数据是按正常使用环境制造，一般均标注海拔不超过 2000m，周围空气温度上限为 +40 ℃，下限为 -5℃。而在高原地区使用时，需考虑高海拔地区的空气密度、温度、空气湿度及以及紫外线辐照对设备绝缘特性、温升等影响。

2. 本项目的电源配置及依据气候环境对电源的选择

非盟会议中心供电负荷为一级，其中会议场所用电、通信、安防用电为一级负荷中特别重要负荷。而当地市政只可以提供一路 15kV 电源，所以设置柴油发电机作为全备用，在市电停电后 15 秒左右供电。对于特别重要负荷采用在线 UPS 供电，供电时间 15 分钟。对于重要区域照明及消防诱导及应急照明采用集中 EPS 电源供电，供电时间 30 分钟。中压柜、变压器、柴油发电机及 UPS 和 EPS 都是保证本项目可靠运行的电源设备，在参数选择上，需能符合当地的环境和使用要求。

（1）设备参数的选择

因当地用户级采用 15kV 电压等级，而国内没有 15kV 产品。在设备选用上，采用 20kV 电压等级中压柜（24kV）和 15/0.4kV 变压器，但需对其参数进行校验是否满足所在海拔高度。

（2）变压器选用

在变压器的选用上，需考虑当地是否有干式变压器的维护能力。在我国，1980 年代环氧浇筑式变压器已开始大规模推广，但在非洲大部分地区，还以油浸变压器为主。

从实地考察情况来看，所驻国际组织的办公机构已采用环氧浇筑式变压器，当地已具备干式变压器的维护能力。从援外宗旨及当地发展趋势上综合考虑，设计采用环氧浇筑变压器。

（3）柴油发电机的选用

海拔升高会造成柴发的降容，若柴发容量放量过大，会与负载不匹配。根据柴油发动机的特性，如在小负荷下长期工作，气缸磨损加剧，柴油机工作性能下降，经济性变差。综合各种因素，柴油发电机组在 60% 以上额定负载下工作，对柴油机较为有利。所以，在柴油发电机容量的选择上，设计考虑温度和海拔高度的校正，后期运行良好。

（4）UPS 和 EPS 的选用和配置

影响因素：在本项目中，对于安防、通信及会议系统保障的需要，配置了 UPS。在 UPS 的选择中考虑下列因素：

对高原环境的适应性和维护的技术难度，成熟的工频 UPS 具有优势。根据已有的案例，工频 UPS 可以使用 15~20 年，而高频一般的设计寿命为 5~10 年。选择工频会降低业主后期的维护费用。

当地停电频繁，电压波动较大。工频 UPS 配置了输入输出变压器，可减少电压波动对设备冲击，有利于产品寿命。虽然高频机有较高的输入电压范围，但在市电和柴发启动的状况下的电压波动，选择 ±15% 输入的工频 UPS 已能达到要求。

由于 UPS 配备容量较大，需考虑 UPS 作为非线性负载对柴油发电机工况的影响。

UPS 海拔区域的降容考虑：通常 UPS 设计是面向海拔低于 1000m 的应用场合，当海拔超出规格时，UPS 的可靠性将降低。随着海拔的升高，UPS 的绝缘性能变差，而且由于空气变得稀薄，采用风冷散热的效果变差。从设备的选取上，可以定制安规间隙较大的 UPS 产品，以避免电路内部闪络，或对常规产品的降容使用，以防止 UPS 过温保护。

会议系统的技术特点

在非盟会议中心项目中，会议功能是建筑功能的核心，会议系统为多个系统的组合：会议集控系统、会议公告系统、会议系统、会议扩声系统、会议视频系统、同声传译系统。在会议中心设计中，需将建筑声学、电声学及会议系统紧密结合，才能呈现一个声音品质良好的会议中心。

非盟主要使用的官方语言为阿拉伯语、法语、英语、葡萄牙语，非洲作为语种丰

富的大陆，为了突破语言的障碍实现交流，就需要凭借同传系统。

在同传系统的选择上，考虑到非盟会议的复杂性，在大会议厅选择了8路同传系统，在中会议厅选择了6路同传系统，在小会议室选择了4路同传系统。大会议厅的数字会议系统在同传语言通道数的配合和功能选择上，凸显了国际会议中心应有的档次，具有会议讨论、同声传译、投票表决、摄像机自动跟踪、IC卡签到、视像会议、实时的资料显示、会议管理、远程控制、现场录像等功能。

同时为了考虑会议的安全隐秘性，只在大会议厅内设置了红外同传系统，在中小会议厅全部采用有线系统，线路在静压箱内敷设，有效保证了会议的信息安全。

影响交流质量的另一个关键因素是声音的质量，扩声系统所体现的声音品质不容忽略。对扩声系统的客观评价上，主要测量扩声系统的传输频率特性、传声增益、最大声压级、声场不均匀度和声音清晰度等五项声学特性指标。

为保证上述性能，在电声设计中，为保证大型重要会议的安全、正常、不间断运行，采用简洁的音频信号流程，尽量减少信号流程节点和信号处理的中间环节。会议话筒信号直接接入会议自动调音台系统，后接入带DSP（Digital Signal Processor）处理功能的功率放大器来驱动扬声器。在信号流程中的关键设备都需要有备份，其中每个发言人的话筒及所占用的自动调音台的输入通路、自动调音台后的中间信号处理设备等都要采用双备份的形式配置。

所有音频信号经过混合编辑处理后，都要以双通路互相备份的形式分别输入到每台功率放大器的两个输入通道中，由功率放大器内部的DSP信号处理核心作输入通路A和输入通路B的相加混合和处理，然后再输出到扬声器，从而保证除功放和扬声器部分外，其他设备和信号通路的完全双备份，极大地保障了系统的安全运行。

功率放大器则采用部分功放备份的形式设置，其备份是由故障自动检测和人工手动切换的系统完成。扩声系统供电是采用双回路电源，加上部分主要设备由在线式UPS不间断电源供电，在系统出现任何设备故障时，都能保证会议扩声能正常运行不中断。主扩声扬声器系统采用线性阵列中央布置，全场覆盖。

虽然在设计前期，对扩声系统进行过仿真，仿真结果需满足一类声学的特性指标，但为保证音质效果，需在施工的关键节点，例如装饰材料隐蔽封闭前，对现状的声音特性进行客观指标测量，对完成以后的效果进行初步预判，避免大面积返工的损失。为了保证建声的效果，对进场材料进行了严格的把控，在会议厅装修的中期，对声学特性进行了检测，并调整了部分装饰材料。在装修完毕，电声进场后，对电声效果进行了严格的测试和调整并组织人员进场模拟峰会场景，测试结果达到了设计要求。在后续的历次峰会中，大会议厅成为展示非盟政治活动的重要舞台。

总结

因非盟会议中心的重要性以及援外项目的特点，设计内容除了严格按照技术要求外，还需要考虑更多因素，包括当地的条件、运营能力等，特别是在产品技术参数达到要求的前提下，还需结合当地使用产品的型式、使用习惯进行品牌选择。当地技术人员水平、所在国的经济和技术限制，都要求不能选择智能化高、维护操作复杂的设备。从后期维护上考虑，为降低成本和提高服务效率，最好选择当地有供应商的品牌。同时，除了正常的设计周期外，还要向前后延伸，包括前期的实地考察、后期的施工配合、项目调试等，才能保证项目正常的设计、施工，最终保证项目的质量。项目于2011年底成功移交，成为当地的地标性建筑，在其中举行了多次国际大型峰会，从至今反馈的情况来看，运行情况良好。

办公楼外观

绿色节能

非盟会议中心项目所在地埃塞俄比亚首都亚的斯亚贝巴气候温和，但阳光照射强烈，在无遮挡的室外露天场合，灼烤炎热，但背阳面凉爽，暑意全无。所以亚的斯亚贝巴的大部分建筑一般不设置空调，建筑物设计非常注重遮阳、通风。

本项目设计采用“因地制宜，因气候制宜”的设计方法，来实现建筑的高效率和低能耗，创造一个健康、舒适的活动空间。

设计目标

为减少建成后非盟方的日常营运开支，设计充分研究节能策略，提出了“保留自然资源、节能、节水、使用可再生能源和产品、改善室内空气质量”等倡导可持续发展的设计目标。

亚的斯亚贝巴常年最高月平均气温在25℃~26℃左右，最低月平均气温在9℃~10℃左右。建筑节能设计从分析地区的气候条件出发，充分利用有利的自然条件和防御不利气候因素影响，使建筑物以趋利避害的方式来达到节约能源的效果。

节地－场地高差利用

建筑设计巧妙地利用现有场地高差较大的特点，结合功能空间组织，分层设置不同功能的出入口，既满足非盟组织日常流线使用和功能分区要求，又有效减少土方量。

节能与能源利用

1. 建筑布局高效集约

建筑布局高效组织不同功能，保证大会议厅、多功能厅、会议室、分组会议区、中庭、配套功能区以及办公主楼之间多种功能的独立和联系。最大限度地减少建筑表面积和体积，以节约能源。

2. 自然采光和通风

考虑到当地气候温和、日照充足，主要功能空间尽可能实现自然采光、通风，对室内光线和气流进行合理组织，既保证了使用空间的舒适性，又能有效地降低能耗。对有自然通风条件的办公区采用开启外窗通风，不设空调。

围绕大会议厅的中庭空间也巧妙结合造型特点，充分利用自然采光和通风，不设空调。

3. 外立面遮阳

办公楼外立面采用竖向线条，不仅从视觉上提升了建筑美感，更起到遮阳、节能的作用。

4. 装饰材料

尊重当地自然与气候条件，外立面装饰材料采用天然花岗石、铝板、中空玻璃等，保证了建筑物的整体热工性能，结合其耐久及易于清理性能，能够降低大楼建成后的运行维护费用。

5. 可再生能源利用

太阳能是绿色环保的新型能源，采用太阳能发电具有极大的社会效益和环境效益，尤其是在非洲地区，太阳能资源极其丰富，考虑埃塞俄比亚日照时间长的特点，室外照明采用太阳能路灯，以太阳能优先供电、切换市电作为补充的供电方式提供电力。这种供电形式既节能环保，同时又有较好的稳定性，较为经济合理。

节水措施

室内卫生洁具合理选用节水器具，室外绿化植物主要以大面积草坪和乔木、灌木为主。绿化灌溉采用喷灌的节水灌溉方式。

节材措施

非盟会议中心项目土建与装修工程一体化设计施工，不破坏和拆除土建阶段的建筑构件及设施，避免浪费材料和重复施工。

室内环境质量控制

室内设计选用环保型建筑材料，使室内游离甲醛、苯、氨、氡和TVOC等空气污染物浓度符合国家标准的有关规定。选用适当材料以减少相邻空间噪声干扰以及外界噪声对室内的影响，并通过大量的自然采光，营造安静明亮舒适的室内空间，同时又实现真正意义上的低能耗。室内部分区域设置CO_2浓度传感器，通过对CO_2浓度的监测来实时联动新风和排风设备的运行，确保室内空气品质的优良。

办公区门厅与大会议区连廊

造价控制

非盟会议中心项目的建筑造型独特，富有动感，设计和施工难度都不小。项目建设所在地的社会经济、人文环境、工程技术水平等与国内相比差异较大。这些都增加了项目在设计过程中造价控制的难度和不确定性。

在着手深化设计之前，设计团队急需了解项目所在地的各项情况，为此在2007年夏天，由设计团队代表及商务部相关领导组成的专业考察组奔赴建设地埃塞俄比亚首都亚的斯亚贝巴，进行了为期20天的专业考察。这20天紧锣密鼓的考察工作不仅为后续的深化设计提供了宝贵的依据，也让设计团队在造价控制方面确定了方向。

在专业考察期间，考察组除了进行现场踏勘，与使用方、政府主管部门等相关单位和部门进行必要的技术沟通外，还拜访了当地的设计院、中资工程建设公司等相关单位，走访当地已建或在建的高层建筑及国际组织会议设施，并且考察了当地的建材市场及生产供应厂商。当地的建筑技术水平较我国仍有较大差距，很多专业设计所需的设计依据和基本参数并不齐全，建材供应基本依赖进口。考察组重点了解了当地外资及中资建设的项目，向当地设计单位和气象水文等主管部门收集可以利用的规范及历史数据，摸清设计所需的必要信息，同时把在当地实施本项目将会面临的问题、困难及可行的解决办法也尽可能了解清楚。考察组经济专业代表还特别走访了当地银行和超市等地，实地了解汇率变化趋势、通胀情况等与工程造价密切相关的信息。有些问题在国内项目的设计阶段可能不需要进行过多的考虑，但非盟会议中心项目则需要在设计之初就对各种情况都做好完善的准备，以便在框定的预算内为项目按时并保质地顺利实施打好坚实的基础。

通过专业考察详细深入的资料信息收集，设计团队对项目深化设计过程中如设计档次和标准的确定、主要土建材料和设备系统设计选择等对造价影响较大的因素有了比较清晰的构想，如建筑的结构体系及抗震设防烈度等级对土建建造成本有很大的影响；结构设计结合专业考察的成果，采用了当地成熟的钢筋混凝土框架结构为建筑主要结构，兼顾了安全性、舒适性和经济性；同时为了解决当地抗震标准与我国的差异问题，结构设计人员通过对历史数据的分析，结合计算复核，合理确定了建筑物的抗震设防烈度；建筑和暖通设计人员相互配合，依据当地常年舒适宜人的气候条件，结合当地重要国际组织及会议设施的使用情况和使用习惯，确定了非盟会议中心项目大量的公共空间及办公楼大部分办公空间都充分利用自然采光通风的原则，在不影响舒适性的前提下，合理简化或省略采暖及空调系统，并因此节省了建筑吊顶空间。

当地基本没有为大型工程加工生产供应建筑材料及建筑设备、辅料的能力，而援外项目要求以国内采购为主，这就意味着非盟会议中心项目大部分材料都需要通过远距离运输抵达建设场址，运输成本成为建筑造价中主要费用之一。材料一旦启运，再更改所需的代价是巨大的。于是，设计中考虑因素必须周全完善，设计图纸的深度要深、准确性要高。提高设计图纸的准确性，尤其是大会议厅椭球及其环廊等部分的精确定位，对项目的现场实施及实施效果都有着非常重要的意义。为此，设计团队采用计算机三维模型从结构、室内装饰装修、建筑幕墙设计等多方面进行精确的模拟和控制，设计模型也为后来相关建筑构件的预制加工提供了指导和帮助。由于项目实施地在遥远的非洲，根据当时商务部援外项目的要求，不可引用标准图集，也不可进行二次深化设计，设计图纸必须满足可以直接施工的要求。对于非盟会议中心这样的复杂项目来说，图纸的深度也对能否准确进行概预算有着重要的意义。

考虑到非盟会议中心项目的重要性，商务部首度要求采用封样制度，要求所有建筑材料和设备都必须经过设计复核确认，并对主要材料进行封样。设计团队在选材选设备时需从选用物美价廉的材料和设备系统、合理结合当地实际情况、考虑运营维护便捷、兼顾实施可操作性这四个方面入手，对材料和设备进行细致深入的比选，力争做出性价兼优的选择，如非盟会议中心项目填充墙材料和水泥砂石用量巨大，填充墙材料根据当地中资项目的习惯做法采用自备制砖机现场制作空心砖，现场测试其性能，这样可以在保证质量的前提下很大程度节省巨额运费；水泥砂石周边国家货源充足，且质量稳定，与国内采购的运费相比，当地进口成本更低，因此也以当地采购为主。除了建筑填充墙所采用的空心砖、水泥砂石外，其他建筑材料和设备基本都从国内采购了产品成熟质量可靠的知名品牌。和国内项目相比，材料设备复核确认及封样的工作量非常大，但对于项目在造价限额内最大程度地优化和控制项目实施效果起到了不可忽视的作用。

项目实施的特殊性与难点

非盟会议中心项目的复杂性高、涉及材料类型广，且采用了援建项目中没有先例的建筑师签认制度——类似于国内正在试行的建筑师负责制。为了确保设计图纸与现场实施的高度契合，同济大学建筑设计研究院选派了多名具有高级工程师职称和相应执业资格的技术骨干，全程驻工地现场配合指导施工。

设计难度高

作为非盟总部会议和办公综合体，不仅要求建筑具有标志性的外观，更需实现非盟方提出的总部办公功能使用要求、会议技术标准以及非盟的安防设计要求。除此之外，项目在建筑技术、建筑材料及图纸深度、设计管理等方面均达到甚至超过国内同类项目的最高标准要求。

专业协调全

作为设计总包，设计团队需要同时协调建筑、结构、机电、室内、景观、幕墙、声学、灯光等所有专业设计内容，及时协调并落实所有技术要求。

造价管理细

按照援外项目的要求，设计团队需在提交初步设计与施工图设计文件的同时提交概预算成果，既确保设计品质又保证造价控制符合要求。

为了及时准确地测算项目造价，概预算小组不仅需要提前熟悉所有专业的大量图纸，熟悉各类材料、设备的成本，并特别针对援外项目“国内采购、国外组装、中国技术工人带队、部分当地工人参与”的特点对类似援外项目进行大量调研，制定合理的人工费、运费指标及机械使用费等，确保概预算的准确，不乱花一分钱。

质量控制严

设计图纸只是项目全过程工作的一部分，更多的工作落实在整个项目的质量控制中——设计团队参与了所有的质量控制环节：从国内选样比较、材料封样、商检表审核，到现场签认、现场指导和检查等工作。整个项目保质保量的顺利实施，与这些设计之外的配合工作密不可分。

各方沟通多

设计团队以中非双方签署的设计任务书为依据展开设计，但因任务书仅为简明的框架性内容，因此在设计过程中就具体内容与非盟方进行了反复沟通，以确保满足其使用要求，如各个会议厅的座位排布方式及主席台布局等都需严格按照非盟会议的使用要求进行设计。

随着设计工作的推进，使用方也会提出一些功能改变的要求。这种情况下，设计团队会首先尽量考虑对方需求，而对会影响造价的内容，则需从技术角度给出建议并报请国内主管部门批准。由于造价有严格的控制，因此需要设计团队在允许的造价范围内，充分满足使用方的功能要求。

按规定，项目各个设计阶段的设计成果需要得到非盟方的书面认可，通常为非盟代表团来华，以召开多方会议的方式进行技术图纸会审。在最后形成会审纪要时，可能还会有新的功能需求提出，仍需要协调各方观点以达成一致。

1 西侧整体外观

2 具有韵律感的建筑立面

实施阶段
CONSTRUCTION PHASE

难度大、要求高、时间紧，是非盟会议中心项目实施的三大特点。项目的建设从一开始就注定了是一场激动人心的攻坚战斗。团队经受住了考验，高水平地参与实施了一项中国援外史上的精品工程。

同济大学建筑设计研究院组建了最优秀的专业团队服务于本项目，各专业负责人都具有重大国际与国内工程经验，工作责任心强，组织协调能力出色且精力充沛。设计团队严格按照我国政府和非盟方制定的项目计划，有条不紊地完成本项目各阶段的工作任务，认真倾听相关方面的要求和意见，积极保持与非盟方的良好沟通。在项目的实施进程中，各方面的专业细节均从可行性、时间性、经济性、先进性进行论证比较，提供最佳方案，确保项目的建设品质，圆满实现非盟会议中心项目的建设原则和使用要求。

项目从 2007 年初到 2011 年底，历时 5 年顺利落成，是参建各方通力协作的成果。重大项目的完美实施，从优秀创意、精细推敲到严谨落实、精诚协作，缺一不可。

中國建築
防微杜渐 警钟长鸣

防微杜渐 警钟长鸣
违章违纪不狠抓 害人害己害国家

施工质量控制

图纸设计只是项目设计全过程中的一个环节，还有大量的工作体现在项目的质量控制中。设计团队不仅高质量地完成各阶段的设计工作，在主体设计图纸完成后，更以100%的精力全程保持项目的密切配合，参与了所有的质量控制环节，包括材料选样、封样、商检表审核、现场签认、现场指导和检查等。整个项目的保质保量顺利落成，离不开设计团队全程的配合。

根据商务部批复的设计代表进场计划，设计方从主要设计人员中挑选具有高级工程师职称和相应职业资格的高学历技术骨干，共9人次，派往现场常驻。现场设计代表克服种种困难，一丝不苟、任劳任怨的奋战在工地第一线，代表设计团队配合施工技术组和施工监理组工作，加强施工现场的技术指导和监督水平。

为了及时了解施工进展情况及重要部位的施工情况，设计代表定期拍摄照片发回国内，设计团队通过照片对与设计要求有出入的地方提出修改意见，并通过设计代表与施工单位沟通调整事宜，这种方式有助于掌握现场情况，及时发现并解决问题。除现场设计代表外，根据现场施工情况，还会不定期地组织各专业负责人及设计骨干组成工作组赴现场短期工作。

材料质量控制

援外项目规定所有材料设备商检表均需要设计方认可，而且为了确保项目质量得到有效控制，非盟会议中心项目首次采用了材料封样制度，对于主要材料由各方联合封样。这给予了设计团队很高的信任与权利，但同时也令设计团队感受到了更大的责任与巨大的压力。

由于项目建设在遥远的埃塞俄比亚，材料设备一旦运抵现场，即使发现与设计要求不符，也无法再运回国内，而且如果再从国内发运新的材料，需要很长时间，可能影响施工进度。因此，在审批商检表时，可以说是极其小心，对于材料的规格、型号、性能指标、检测报告等每一项内容都要仔细审核，需要付出很多精力了解这类材料的特性和供应商的产品在行业内的位置。为了更好地理解检测报告的内容，需要查阅平时不太熟悉的相关产品标准，核查检测报告的依据性标准是否为现行有效标准和检测单位是否为国家认可的单位等，只有经过认真的审核后才能对材料放行。

由于本项目的复杂性和涉及材料众多，对于材料的审核耗费了大量的人力和精力，但确实有效地控制了材料质量。材料运抵现场后，需要经过现场设计代表和施工监理单位的实样确认后方可用于现场施工。由于现场设计代表不可能熟悉所有的材料，因此对于重要部位，设计代表会将相关报验表及材料照片发回国内供设计团队确认，这种前方后方共同协作的审核模式有效地控制了材料质量。

施工配合

由于项目的特殊性，在 2008 年完成第一版施工图后，非盟方对项目提出了新的要求。自 2009 年 10 月起，设计团队开始设计调整工作，同时配合现场施工，直至竣工。

室内、幕墙等专项设计也在同步调整，因此建筑专业需要整合各专业的要求，并需首先落实在结构图纸上发往现场用于施工。由于与埃塞俄比亚存在时差，几乎每天晚上都要与现场通过邮件或电话沟通联系。边设计、边施工的状况给设计团队带来了很大的压力，当时最为担心的是修改内容有遗漏未能及时发送现场或对施工进度没有全面了解未能合理安排进度，因此就需要付出更多的精力将工作做得更加细致，安排更加周密。

传播安全文化 宣传安全知识

POTAIN

会议中心门厅艺术墙设计故事

2011 年 3 月，第二学期刚刚开学。接到中国美协壁画艺术委员会受商务部委托的征稿通知，要为中国援建非盟的会议中心大堂入口墙体上设计一件艺术品，要求每个艺委会的委员都参加投稿。我欣然接受，和当时所有参加投标的委员们一样，收到了两页 A4 纸大小的关于会议中心大堂建筑空间的介绍。

如何处理这个墙面和它所在的空间，确实是一个很复杂的问题，包括好几个方面的因素：首先是非盟组织，它是什么性质的世界组织、它的历史和使命、它的历史形象、它的标志和标识等，都是我需要了解的；其次，虽然我去过非洲，但充其量只是沿尼罗河的埃及部分，从南到北独自旅行过，非洲大部分的历史知识都是从书本上得到，以及从影视纪录片上看到的，虽然我在德国学习工作近九年时间里，有关非洲的文化和历史在欧洲众多博物馆里见到不少，但不是很有系统，需要及时梳理和补课；第三点就是那两页有关建筑的资料，我需要从建筑立体空间和人体视觉功能角度去进行分析，去感觉艺术品在其中的焦点、重心和质量感；第四点是要根据建筑物本身的材质、肌理、色彩和色泽构成的环境要素，去思考艺术品将用何种材料、材质和色泽去构架主体墙面的空间；第五点就是如何理解中国人民作为非洲人民的兄弟，之所以无私援建的社会历史意义。思考的头绪很多，开始无从下笔，于是看书和收集各种图片资料。投稿的时间很有限，如何从这五个大方面交织的朦胧状态汇拢到一个点上，并找到自己艺术表达的形式，确实很费劲，甚至几乎有打退堂鼓的念头。我想这一课题的要求对于其他委员们也是同等棘手。

这个时期，正好赶上我家世交好友李松山大哥、韩蓉大姐在宋庄筹划坦桑尼亚马孔德艺术展，他从一个侧面帮了我很多忙，我见到大量活生生的非洲本土的艺术

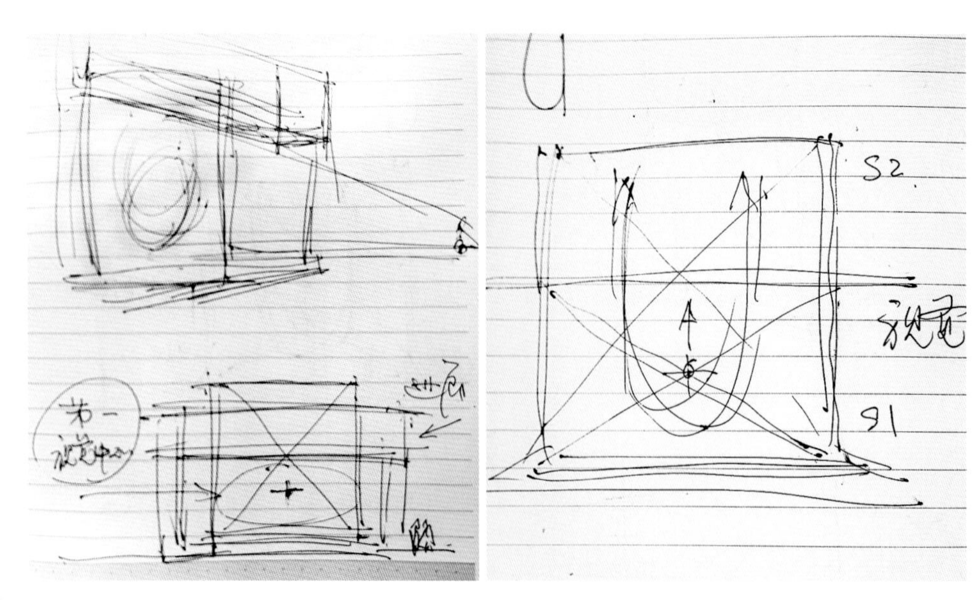

1.2 艺术墙设计手稿

3 艺术墙整体外观

NCE HALL
LARGE CO

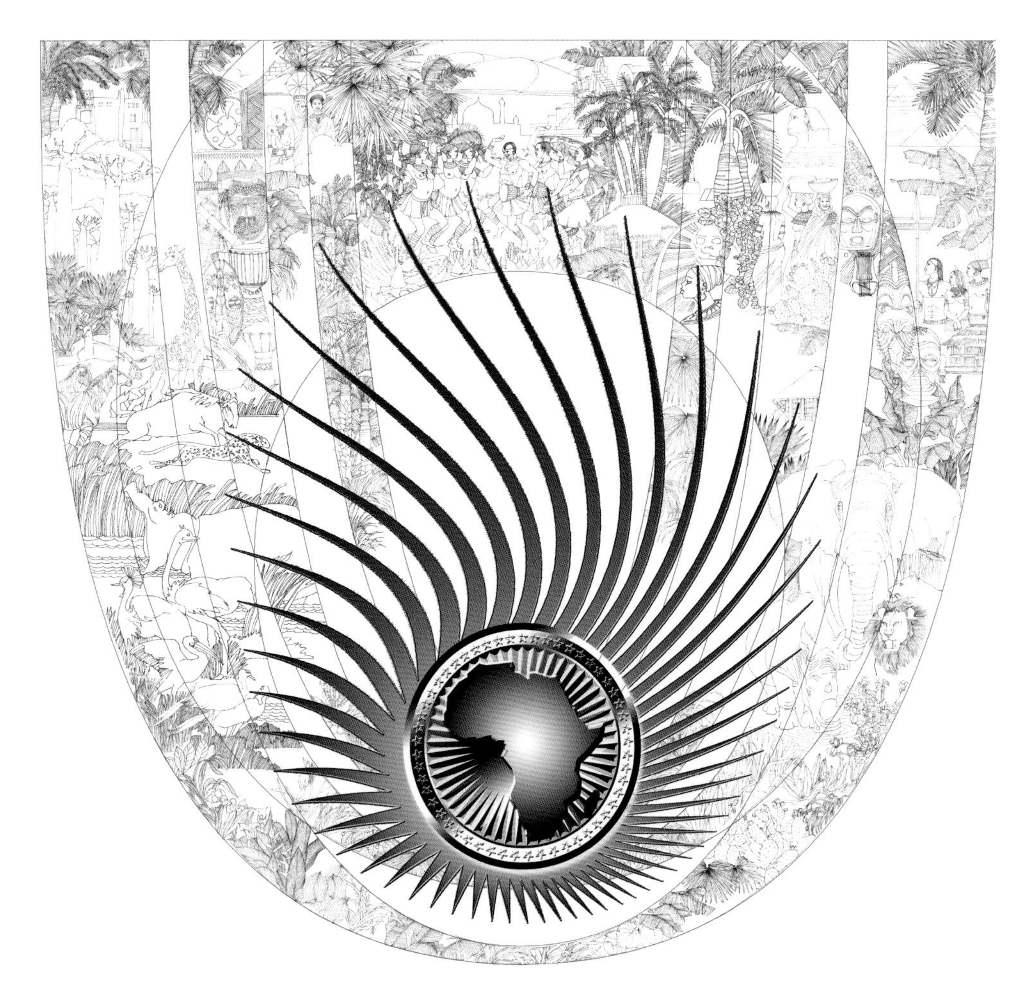

《升腾》主题表现崛起的非洲精神，象征初升的太阳升腾在富饶沃土之上；金属非盟标志象征团结、和平、进步；火焰状光环、羽毛状的升腾象征希望，象征着发展和无限的生命力；墙面为花岗石，图案形式为 U 字变形，雕刻有表现非洲历史文化特征的人物、动物、植物图案等装饰，以表现非洲的悠久历史和多彩文化。变形的 U 字表现联盟、团结，同时表现上升的视觉效果。

材料：底面采用浅色花岗石（干挂）
标志位为铜金属、表面贴金
安装结构：钢架干挂

品和非洲生活的故事，使我得到很大的鼓舞。

根据多年公共艺术工程学的实践与教学经验，我首先从建筑环境的分析入手。环境是特定的，决定艺术思维性质，无论采取何种艺术表达形式，如果脱离开特定的建筑环境，不对号入座，恐怕要有大问题的。我只能不断地勾画建筑环境的草图。

我将会议中心门厅主墙面的整体画面分为两部分——主视画面和整视画面。画面效果随着人们步入大厅，视野形成从“主视”到“整视”的过渡。视觉重心在画面下部，即中轴线的三分之一处。

入口是从视觉重心和中心着眼（有时视觉的重心和中心不在一个点上），联系非盟组织的标志和英文联盟的第一个字母 U，构建出画面构图的基本形式。非盟标志的圆形造型向心凝聚、圆实，在画面上稳定。我要让它动起来、飞起来，要有活力，需要有翅膀。进一步讲，非洲是下个世纪的人类希望，它在舞动，在升腾。重心部位的起初想法是来自太阳，来自太阳的形象虽多种多样，但很多的国家都在使用。偶然查资料时见到一顶王冠，联想起过去听过非洲原始部落选拔酋长的故事，部落年轻男子能够徒手猎杀狮子后安全归来，人们给他戴上雄狮的鬃毛，推举为新的酋长，大家载歌载舞，庆贺英雄的诞生。王冠的

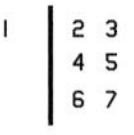

1 艺术墙设计图
2-7 艺术墙设计过程

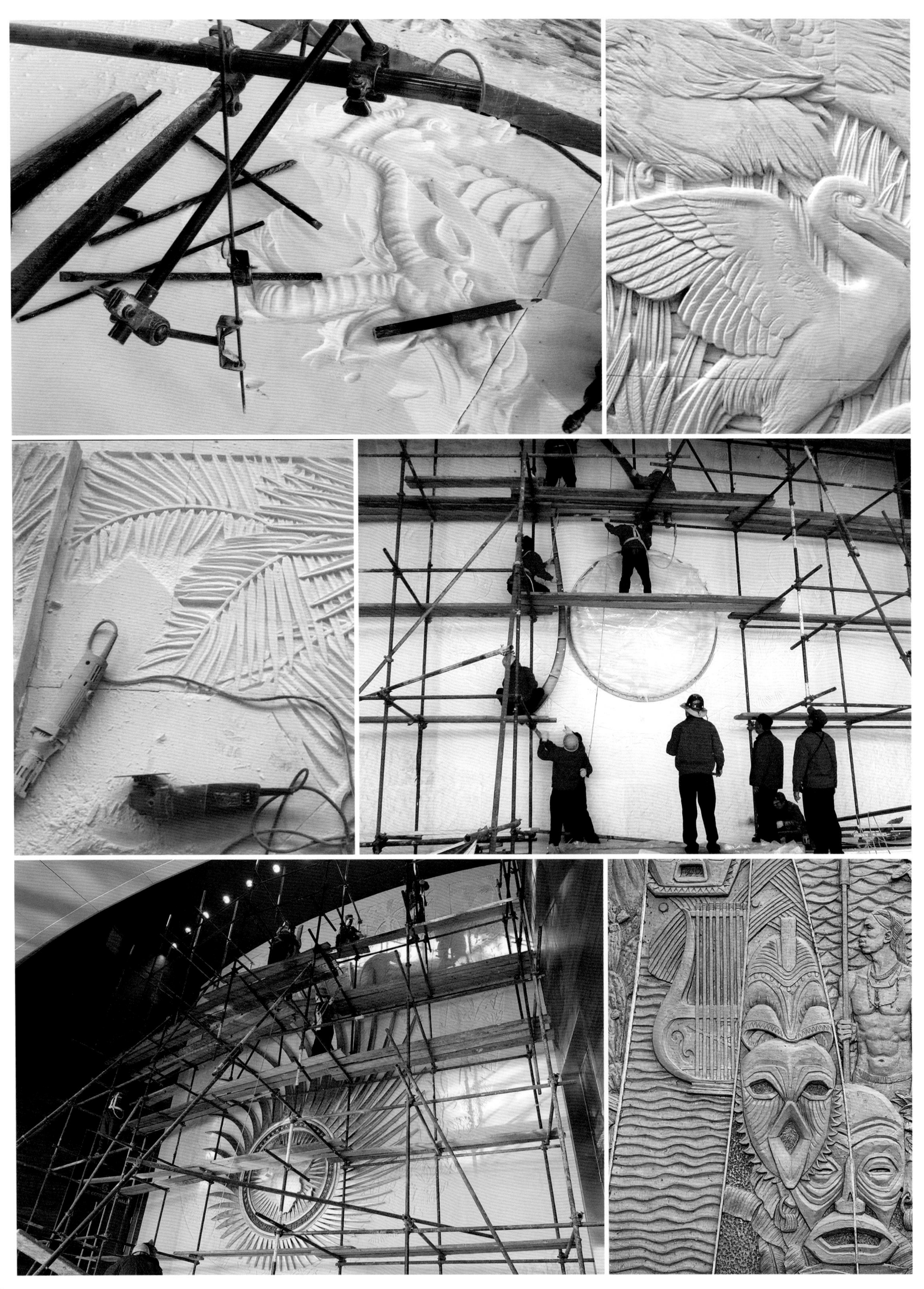

造型就来源于非洲原始的英雄崇拜，采用象征雄狮鬃毛的造型是再恰当不过的。

当然，在后来书写设计说明的时候，由于各种原因，并没有写这段故事。后来我们到了当地，发现很多非洲人一眼就看明白了，他们将是立于世界的英雄们。画面的重心采取了象征性的手法表现，太阳、雄狮、英雄，那是寄予进步和生命力的希望，一定要简洁、庄重、大气，题目就确定为《升腾》。我的设计思想有了主心骨，接下来就可以收拾背景。背景画面里，我的思想是要反映非洲六大水系所养育的各有地理特色的文明。

六大文明水系，需要交织、变化，便让它们重叠起来，呈现出多彩的文化，自下而上由表现丰富的物种、繁多的生命、古老勤劳的民族和悠久灿烂的文明，体现出整个非洲在升腾。因而将人们的注意力吸引到近处观看整个画面，这样从远而近、从局部重心到整体效果，将艺术品、建筑空间与人紧密地联系起来，将非洲、非盟与各国来宾紧密地联系起来，构架出非盟大堂完整的公共空间。

非盟会议中心艺术墙的设计与创作，凝结了公共造型艺术设计学科与公共艺术工程学科两方面领域知识的心血。从大脑到双手，以逆向工艺设计为原则，历经十个月，2011 年 12 月 26 日按期精确无误地将我们的作品安放在亚德斯亚贝巴非盟会议中心的墙面上，2012 年 2 月最终完成。

它鼓舞着非洲所有的国家和人民，在人类进步史上升腾。

（文：任世民，中央美术学院教授）

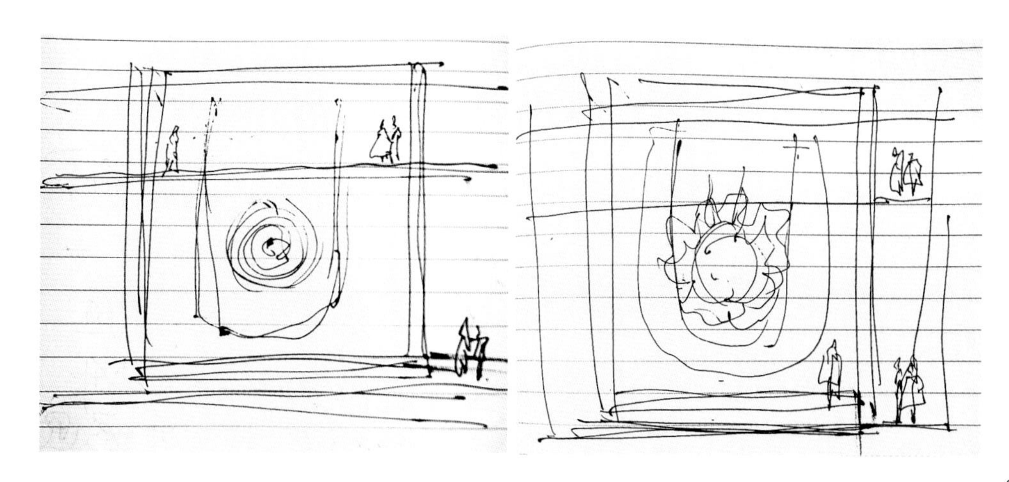

1 2	7
3 4	
5 6	8 9

1–6 艺术墙制作及施工过程

7 各国政要在艺术墙前合影

8.9 艺术墙设计手稿

6
NELSON MANDELA
PLENARY HALL
MANDELA

1
NELSON MANDELA
PLENARY HALL
NELSON

景观设计及实施过程中的故事

水景

非盟会议中心室外设有两处水景，分别在主入口广场及VIP入口广场这两处最重要的公共空间中，这两处景观水池均为静水面溢出跌水的效果，因为水池的规模较大，最大漫水周长近100m，要实现纯净均匀的漫水效果，对跌水台的平整度要求非常高，同时对水量的控制也有比较高的要求。水池石材在国内加工时，厂家对加工完成的跌水台饰面石材进行了预拼装，以减小加工误差，石材运抵现场后，长途运输的损耗以及土建误差都在一定程度上增加了石材的安装难度。在石材安装时，虽然采用了比较精准的水平仪器，但在试水的过程中，还是发现不少地方水流不均匀。各方在现场对水池的漫水效果与水量控制进行了多次的讨论和调试，基本达到设计效果。

非盟花园

非盟花园中央的太湖石的高约5m，安装完成后高约4.5m。在2010年上半年，设计方与施工方一同前往江浙等地挑选太湖石，经过多次比选，最终选定一块高达6m的太湖石。年中时，施工方国内采购人员突然通知说原来选定的太湖石被他人买走，只能重新选样，当时距离项目竣工仅半年左右的时间。设计团队立即与施工方再次前往多个石场，终于选到一块符合设计要求的高度5m左右的太湖石。11月份，太湖石终于运抵现场，距竣工还有1个多月的时间。因现场吊装设备条件有限，太湖石自重较大，须由两台吊装机同时吊装，同时因太湖石上大下小，且自然石块如果采用钢筋锚入固定恐怕会使太湖石破碎，为保证完整且安装稳固，必须找准太湖石的重心，使其铅垂，设计方多次与施工监理以及商务部代表解释设计意图并讨论安装方案，经过两次吊装调整，安装完成后的效果基本达到设计要求。

非盟花园太湖石周边的绿化区域设计为种植非盟各成员国特色植物的区域。在非盟高峰会议前期，为了配合会议期间非盟会议中心项目揭幕仪式，非盟方提出要在室外场地上设置一处绿化区域，以便开幕式时举行非盟成员国首脑植树的仪式。最初非盟方的顾问建筑师提出要放在VIP入口广场同一侧的加纳总统恩克奴玛雕像背后的草坪上，但该位置离建筑较近，50多个成员国首脑各种一棵将会成为一片小树林，对建筑立面的遮挡比较严重。设计方与非盟方在现场分析了利弊，并指出相邻近的非盟花园原始设计意图就是供各成员国种植植物，而且对建筑立面的影响也非常小，非盟方表示尊重设计意图。在开幕式上，非盟50多位国家首脑分别在非盟花园种下了橄榄树。

绿化

埃塞俄比亚当地的工程实施理念和实施技术水平跟中国有比较大的区别，在景观方面主要反映在绿化的实施上。按照非盟项目中非分工原则，非盟方负责绿化的深化方案和施工，设计方则在现场以对景观效果总体控制为立足点给予意见。设计方在现场多次跟随非盟方委托的绿化公司前往绿化供应基地勘察比选，并自行前往当地的五星级酒店等地了解情况。与国内在项目之初就追求较好的绿化景观完成效果不同，当地的绿化工程一直以来都是以种植幼苗为主，因此大部分的苗圃都只能提供最大不超过1m~2m的树苗。亚的斯亚贝巴城市基础设施建设较快，市政道路的绿化工程也随处可见，所有的市政道路新种的行道树高度都在40cm以下，而在非盟会议中心项目中所种的高达2m~3m的树苗已经是当地可以找到的最大树苗了。对于非盟方来说，等待绿化自然生长的过程是完全可以接受的。

设计代表的生活

非盟会议中心作为意义非同一般的援

外项目，在项目实施过程中，商务部要求现场参建的设计和监理代表必须独立生活，驻地在距离现场约 15 分钟车程的一个别墅区。设计和监理代表一共约 10 个人，共同生活在一栋三层楼的小别墅里。虽然大部分房间必须 2~3 人合住，但这样的住宿条件在当地来说已是非常奢侈。当地停水、停电非常频繁，经历过多次连续数日的停水，必须从工地往驻地搬水，无数次停电时，靠应急灯供夜晚照明。生活物资多数都是国内运来的，其中的乒乓球桌是业余生活中非常重要的设施：除了为平时单调的业余生活增添一些活力外，用餐时，因为人比较多，便用半张乒乓桌上铺塑料桌布，才够坐下所有的人。遇到节日或者国内有领导来工地视察，邀请客人吃饭时，乒乓桌就刚好都被用上。由于物资的局限，一物多用的例子很常见，比如灶台是用钢筋焊的骨架，桌子是用废旧的木夹板做成的，床是用边角的混凝土模板条钉成的。

非盟现场的咖啡文化

埃塞俄比亚是世界上高质量咖啡豆的主要产地之一，埃塞人对喝咖啡也情有独钟，在非盟会议中心项目所在地亚的斯亚贝巴，随处可见各种规模的咖啡店或路边咖啡摊。在项目现场，设计和施工方对于施工过程中出现的问题，难免有些意见不统一，因项目在国内外均受到高度关注，工期压力又非常大，现场矛盾和争执在所难免。在现场配合的过程中，每当遇到激烈的争论或互不相让的尴尬场面时，喝咖啡便成为缓解矛盾和舒缓相关人员情绪的主要活动，很多问题往往在咖啡柔和芳香的气氛中得以解决。

参与项目的现场人员，几乎所有人回国都会带些当地产的咖啡作为礼物，更有一些人，在参与项目前从不喝咖啡，但自从受到埃塞咖啡文化的熏陶后，养成了每天喝咖啡的习惯。

（文：章蓉妍，景观专业现场设计代表）

驻非盟工地杂记

进驻工地现场

2010年12月20日晚8：30，我与设计院同事一起奔赴浦东机场，经过19个小时漫长的等待及旅程后，终于抵达目的地埃塞俄比亚首都亚的斯亚贝巴。一路上，我心中满是激动与向往之情，对于非盟会议中心项目的室内设计工作，前前后后跟了近3年，若有机会亲眼看到它一步步从蓝图变成现实，又怎能不让人充满期待和欢欣鼓舞呢！

现场工作

现场事务是繁杂和琐碎的，有各种协调会要参加，有大量的进场物资及相应的报验资料要核对签署，有各项分项、分部工程要参与验收，加上现场反映出来的各种问题，涉及多个专业，几日下来，焦头烂额，兴奋之情已然全无。幸好还有其他专业的设计代表，都是院里的同事，工作中能相互配合。除了以上工作外，还要时常与非盟方技术代表联系沟通，他们会询问一些技术上还不清楚的地方，或是提出一些新的想法。应非盟方的请求，我们还要参与强弱电、给排水与当地市政接入相关问题的协调，这些相关专业的代表在这方面要花更多的精力。

对于室内专业来说，经常会有涉及吊顶设计标高调整的情况，为了保证原设计标高不被调低，需要和机电专业设计、施工人员紧密协调、查对，或需要设备、管道改线。有时由于现有结构、土建条件限制，调整工作十分艰难，一些有经验的老安装师傅与我们一起想办法，有时要经过数次争论交锋，并结合实地勘察后才能最终找到解决办法。这还是幸运的，如果不能完全解决，这些老安装师傅也会同我们一起想一些与效果相差不太大的处理办法，这使得我对他们专业精神及实践作风的敬佩之情油然而生。

当然现场工作也不总是“风和日丽”，一些“风雨交加”也是免不了的。有一次室内木挂板施工，由于施工方的组织问题，部分面材色差过大，专业厂家的安装指导也没有及时到现场，为了赶工期，施工方临时组织工人施工，结果效果很不理想。我们发现问题后及时向业主代表（商务部驻非盟会议中心专职代表）及监理方、施工方反映了情况，开了多次讨论会，期间施工方陈述各种理由及困难（主要是工期压力和成本压力），以期经过简单整改就能过关。为保证设计效果，我方坚持说明此项目的重要性及特殊意义，不能接受这样的施工效果，争论中火药味甚浓，直至现在也还不愿再回想当时情形。之后施工方的调整也未见多少改观，经过现场设计代表及国内设计项目组（感谢他们对前方代表的坚定支持）与施工方再三沟通，从整体效果考虑，施工方最终同意由国内厂家重新发货，并由专业厂家指导安装，才保证了实现原设计要求的效果。这件事情也表明，正是由于设计团队本着对非盟方负责的精神、对设计效果要求的坚持，并与

现场各方积极沟通的态度，才能使问题得到相对合理的解决。

现场生活

这个项目在我国对外援助历史上首次实行了监理及设代独立（在开工一年多后独立的），我们租住于当地一处三层楼的“别墅”，出门坐“大奔”，让国内同事好不羡慕！但所谓“别墅”就是类似国内乡镇的民宅小楼，木工板做的家具、床铺（要多谢工人师傅的帮助），时而会断水断电，时而有跳蚤、蚊子出没，常常有幸听到夜半钟声和大喇叭传来绵绵不断的祈祷声（当地宗教习俗），多么“亲近自然”和“富有诗意”呀！“大奔”倒是真的奔驰车，额定9人座，通常会坐到11~12人，各中“挤”味，套句广告语：谁坐谁知道！

自然风光

个别节日工地放假时，我常闲来无事与各位同事及同住的施工监理们外出看看自然风光及风土人情。有一处名叫“vonchi”（音）的地方，是一个如盆形的火山湖。从驻地驱车向西到安波市（Ambo）约3个多小时，一路上满眼望不到边的是草原山丘，散落着或成群结队或三三两两的牛、马、羊和笔直的桉树，还有奇特得像伞盖一般叫不上名字的大树，路上望着飘出吹烟的茅草屋、锈迹斑斑的铁皮房、赶路去祈祷或回程的人们、驾着简易两轮马车的人、骑马的小伙子、驮货的小驴子……一切纯朴自然。过了安波市再向南，就是坑坑洼洼的石子路，一路颠颠簸簸，车后尘土飞扬，窗外田园沟壑、广袤无垠。下车后，从山顶鸟瞰整个湖区，湖上飘着一层淡淡的雾，清澈宁静。房屋星点散布，犹如画中一般。骑上当地向导牵的马，一路下到湖心，不认识的花花草草，奇形树木，移步易景。与路人互致问候，虽然也不知彼此具体说的是什么，相逢点头一笑，已能感知对方心意。与马儿稍熟之后，自己拿上缰绳，也能如信步自如，甚是惬意。还没玩到一小时，天色骤黑，乌云当空，好似暴雨将至，没有雨衣雨伞，吓得众人一身冷汗！还好几点毛毛雨后，天空豁然开朗，真是山里的天气就像小孩脸，说变就变！匆匆坐上小船，到湖心小岛转了一圈，已顾不得清澈见底的湖水和湖边丰茂的水草，众人各拍上几张，赶紧回程，到驻地时已是灯火通明时分。

回国

2012年2月15日，期盼已久的回国的日子终于到了，已有半年多没见到女儿了，虽然照片和视频都时有收到，但长大了多少？抱在手上会是怎样的？还是有几分急切的期待！

一年多的现场工作，是一段很好的经历，也是积累的一部分，即使它有那么一点重复、那么一点平淡、那么一点不太顺畅，也还是感念！

（文：邰燕荣，室内专业现场设计代表）

访谈
EXCLUSIVE INTERVIEW

SMALL

赛旦霞访谈

问：作为援非“八项举措”之一的非盟会议中心，这个项目是如何形成的？

赛：2006年，中国在北京组织过一次规模较大的国际活动——中非合作论坛北京峰会。当时几乎所有的非洲国家都派出国家或政府首脑聚集北京，来参加这次高规格的峰会。在这次峰会期间，时任非盟主席马里总统科纳雷以所有非洲国家的名义，向时任中国国家主席胡锦涛提出请求，希望中国在埃塞俄比亚首都亚的斯亚贝巴（非盟总部所在地）帮助他们建设一座非盟会议中心。据了解，非洲国家多、会议多，因此一直希望能有一座会议中心。但囿于财政和技术能力所限，他们始终没有一座能与其需要相匹配的会议场所。遇有首脑会议召开，就要去请求“非经委”（联合国非洲国家经济委员会，该组织在亚的斯亚贝巴拥有一座现代化的会议大厦）租借会议场所。当会议时间安排有冲突时，往往会遭到拒绝，使得有些会议不能按计划召开，很多准备工作前功尽弃。

在中非合作论坛北京峰会期间，时任国家主席胡锦涛代表中国政府宣布：为了支持非洲国家联合自强和一体化进程，满足非洲朋友们的请求，中国决定帮助援建一座非盟会议中心。这项决定当时列入了援助非洲的“八项举措”之中。

问：非盟会议中心项目具有怎样的意义？

赛：经过三年的努力，中方保质、保量、高标准地把一座现代化的非盟会议中心交到了非洲朋友的手中，这座宏伟建筑的落成，博得了非洲各界广泛的好评，许多非洲媒体大量撰写文章、制作节目，盛赞中非友谊和中国无私的援助，高度评价我国政府和人民严肃对待承诺，言必信，行必果，认为非盟会议中心是雪中送炭的典范项目，是送给非洲最好的礼物。项目建成后，中方留下必要的工程人员向非洲兄弟传授管理技术，帮助他们在自主、自立和自行运营方面向前迈进了一大步。

可以说，非盟会议中心的建成，增进了中国和非洲的友好关系，增强了南南合作和可持续发展的后劲，提高了中国在国际舞台上的地位、形象和威望，对促进中国与非洲国家互利共赢、长久不衰的合作向前发展起到了有力的推动作用。

赛旦霞

原商务部援外司副司长

曾花城

商务部国际经济合作事务局副局长

曾任非盟会议中心项目专职代表

曾花城访谈

问：作为非盟会议中心项目现场专职代表，您有怎样的工作体验？

曾：2012年1月28日，非盟会议中心项目落成典礼在埃塞俄比亚首都亚的斯亚贝巴隆重举行。为感谢中方有关人员和单位卓有成效的工作和突出贡献，非盟委员会向部分代表颁发了奖励证书和纪念品。我作为5位代表之一，在落成典礼上接受了非盟主席奥比昂总统和中央领导的共同颁奖。非盟委员会对我的工作给予高度评价，称赞我"最终实现了使命，为项目成功落成做出了非凡的贡献"。作为中国援外史上首位重大援外工程现场专职代表，使命光荣，责任重大，为把非盟会议中心项目建成中非传统友谊新的里程碑、各方满意的高质量示范工程，我经历了一段难以忘怀、引以为荣的时光。

26个月的专职代表任期，近800个日日夜夜与参建各方一起殚精竭虑和共同打拼，在领导和同事们的指导和支持下，最终不辱使命、不负重托。非盟会议中心的成功建设，提前战略性谋划和实施管理制度创新是基础，主材联合封样和全过程监管、样板间制作等创新举措为确保项目优质完成发挥了重要作用。

非盟会议中心的成功建设，是参与各方集体智慧的结晶。时任商务部副部长傅自应、中纪委驻商务部纪检组长王和民等商务部领导和主管部门（援外司、国际经济合作事务局）的领航和支持尤为关键。专职代表的主要职责在国外，但援外工程实施管理的链条多半在国内，没有商务部领导和国内主管部门的科学决策和有力支持，要保证项目优质高效实施，是不可想象的。专职代表配备一名秘书（援外司吴杰同志）协助工作，可谓"势单力薄"，使馆党委、经商处的理解和支持亦不可或缺。

非盟会议中心的成功建设，背后是祖国的强盛和对外援助能力的明显提升，也是我国援外事业辉煌历程的写照，更是具有中国特色援外发展道路的体现。

作为非盟会议中心项目专职代表，当时工作上遇到的困难和挑战很多，主要有以下几点：

1. 项目建筑造型新颖独特，技术复杂、施工难度大，而当地雨季长、办事效率低、停水停电频繁、施工资源缺乏，且工期后门关死，2011年12月必须无条件优质完工，并留出设备调试和试运行时间。

2. 非盟会议中心项目总投资 8 亿元人民币，而 2009 年 5 月中国建筑股份有限公司仅以 4.8 亿元人民币的最低价格中标施工任务，要保证项目优质实施，监管难度极大、挑战严峻。

3. 在项目主体结构施工阶段，商务部根据项目定位和实际情况，陆续批准实施多项设计变更。设计单位对装修、机电、室外工程的设计文件进行了必要调整。在后门关死的情况下，工期压力更加凸显。

4. 重大援外工程派驻专职代表是新生事物，无先例可遵循，无经验可借鉴。专职代表责任重大，但无决策权，如处理不好，发挥不了作用，将辜负组织的信任和重托。

面对上述困难和挑战，我牢记使命，扎根一线，直面问题，认真履职。一是提前战略性谋划，立足于管理创新应对复杂问题。二是到任后积极探索，建立完善的内部工作机制和对外协调机制，全面履行职责。三是始终把项目质量监管摆在首位，推动全过程监管主材质量，督促落实样板引路制度，把工程质量控制落实到每个环节、岗位和人员。按照“以我为主、受援方适度参与”的原则，邀请非盟方参与部分重要主材的选型，推动现场三方“走出去、请进来”与当地同行交流施工经验。项目接近完工时，埃塞俄比亚前总理梅莱斯视察工地后，高度称赞项目质量一流、设计一流、施工一流。该项目 2013 年被授予海外工程“鲁班奖”。四是始终狠抓项目进度监管与项目安全生产监管。面对工期压力突出的情况，我带头加班加点，同时多措并举狠抓进度监管。项目体量大、楼层高、工期紧、作业人员多、交叉作业频繁，雨季长、雨量集中，大型设备多、停电频繁，安全生产形势严峻复杂。我始终把项目安全生产监管摆在与质量、进度监管同等重要位置，坚持防范与监管并举。五是认真履行指导和服务职责，为项目建设保驾护航。项目多数参建人员系首次参与援外工程，对援外规章不熟悉，我利用晚上休息时间开展系统培训，并指导现场完善外事纪律、资料管理等各项制度。督促施工技术组出台一系列人性化管理措施，对参建企业在物资检验、资金垫付等方面遇到的困难，及时向国内反映并主动提出建议、设法推动解决。开展的其他工作，包括加强宣传、积极扩大项目影响，勤政廉政、努力展现自身良好形象等。

我作为中国援外历史上第一位援外项目现场专职代表，成功闯出了一条加强援外项目一线监管的新路。商务部接着向老挝国家会议中心、安哥拉医院等项目派驻了专职代表。目前，马尔代夫中马友谊大桥、柬埔寨体育场、科特迪瓦体育场等在建重大援外项目均派驻有专职代表，当时的管理创新举措也陆续推广到其他援外工程。

问：非盟会议中心作为援外项目，您认为在双方合作中秉持怎样的原则？为把非盟会议中心建设成为中非双方都满意的高质量示范工程，中方从哪些方面采取措施保证项目的高品质？

曾：作为中国政府赠送给非洲人民的礼物，非盟会议中心项目政治意义重大。在建设过程中我们秉持共商、共建的原则，中方重信守诺，非盟方广泛参与，双方相互尊重、平等相待、紧密合作，充分体现我援外项目的建设是双方加强合作、加深了解、增进友谊的过程，非盟会议中心的成功建设是双方友好合作的结晶和典范。

设计阶段中，中方和非盟方经反复推敲，共同选定非盟会议中心项目设计方案，关于项目的使用功能、平面布局等，中方先是根据非盟方意见和需求予以具体细化，再反复征求非盟方意见后确定，落实在设计图纸上。

施工阶段中，我们与非盟方建立了完善管用的协调机制，如双周例会、三方联席会、热线联系等工作机制，紧密合作推进项目建设。通过充分协商，加上非盟方和埃塞方的协助及配合，及时解决了数千个集装箱建设物资的免税清关提货、临时及永久水电的接入、中方人员签证发放、当地工人招聘等各类问题。

当地工人为项目如期优质完成作出了很大贡献。中方本着“以人为本”、“以工地为家”的原则，不在首都的当地工人设立宿舍和埃塞风味的餐厅，解决他们的食宿问题，解除其后顾之忧。中外工人共同为项目建设加班加点，结下深厚友谊，当地工人也掌握了一技之长。

质量是对外援助的生命。为把非盟会议中心建成新时期中非传统友谊的里程碑、各方满意的高质量示范工程，中方本着“质量第一、效益优先”的原则，本着对国家、对非盟方、对历史高度负责的精神，从大到设计理念和项目定位、小到质量监管和细部把握等方面均作出了不懈努力，并尝试了一些创新举措。

一是中方向非盟方建议的设计方案寓意深刻、独树一帜。设计理念紧扣“中国与非洲携手，共促非洲大陆腾飞”的主题，建筑造型寓意中非“团结、友谊”和非洲崛起，室内设计充分考虑会议设施标准的先进性和国际性、完美结合埃塞当地的气候条件与非洲文化特征，同时适当体现中国元素，比如在非盟花园矗立着一块优美的太湖石。

二是商务部准确把握非盟会议中心项目的定位，批准对设计图纸实施多项变更，适当提高装修标准和设备材料档次，使项目建成后的整体效果和形象与其定位相符。

三是商务部决定提高装修标准和档次后，同济大学建筑设计研究院的设计团队克服时间紧、任务重的困难，对装修、机电、室外工程设计进行了调整，并先行编制项目重点区域和部位（如大会议厅、环廊中庭、主席办公室等）的装修效果图，呈报商务部领导和非盟高层听取意见，根据反馈意见完善后再编制施工详图，从设计源头上保证项目建设效果，克服中非在地域、文化、审美等方面存在的差异。

四是重大援外标志性工程的外立面装饰效果至关重要。在初步确定非盟会议中心外立面采用幕墙后，中方根据我的意见作了细致的比选，保证石材和玻璃的组合观感效果达到最佳。

五是树立客户意识，邀请非盟方高层和技术人员参与部分重要主材的选型，保证其功能、外观、样式等充分满足对方使用要求和习惯。来华考察选样对提高非盟方对项目的满意度发挥了重要作用。

六是使用好材料是保证援外工程高品质的至关重要因素。主材采购前，参建各方先后分6个批次对120多种主材进行联合封样，对木门、家具、同传设备等的生产厂家实地考察，联合确定拟用主材的质量档次。主材在国内发运前，设计和监理企业又派员共同验货，保证主材质量、功能、外观等符合设计和封样要求。

七是高度重视细部的处理。比如，对每处石材、挂板的颜色和纹理，要求精细严谨排版，做到色调一致、纹理天成。对于多处使用的各类地毯，我和参建各方不仅考察了生产厂家、进行了联合封样，还请非盟方代表团赴华选样。非盟委员会主席、副主席办公室的地毯，系他们亲自从中方推荐的样品中选定。

问：作为非盟会议中心项目现场专职代表，您是如何协调设计、施工等现场各方的矛盾与冲突？ 现场施工进度是如何满足项目工期要求的？

曾：对于非盟会议中心项目，设计、施工、监理三方出发点和目标完全一致，即优质、如期完成项目建设，但有时因为各方看问题角度不同、关注点不一样，出现一些矛盾和争议很正常，比如，施工方更看重施工进度，设计方更关注实施效果，监理方更关心施工安全。

现场专职代表的主要任务就是凝聚各方共识、集中各方智慧，站在维护国家利益和形象的立场上，既坚持原则，又对非原则性问题灵活处理，公道正派，及时协调和妥善化解参建三方间发生的矛盾和争议。首先，我到任后迅速建立健全内部工作机制。其次，通过管理制度创新，预防、减少、化解争议和矛盾。援外工程建设中首次尝试的主材联合封样及考察厂家制度，以及设计方、监理方在主材国内发运前联合验货制度，从源头上强化质量监管，又避免参建各方在现场执行材料设备入场签认制度时可能出现的严重争议。此外，试行各专业主要设计人员多次来现场短期工作，当面与施工技术组沟通，提高工作效率，有效化解设计和施工间的矛盾。第三，注意随时随地向身边管理人员和技术人员学习，提高有效化解争议、矛盾的能力和水平。

作为首任专职代表，履职过程中遇到了许多不曾预见到的困难和挑战。提起碰到过的最大困难，印象中有两个：

一是非盟会议中心项目的装修标准和档次应该怎样把握，才能保证和彰显援助效果？作为项目专职代表，认真研究项目资料后，我清醒地认识到应在准确把握项目定位的基础上，合理确定标准和档次。我想到了制作样板间，让各方“眼见为实”。商务部机关服务局在部大院内提供了 3 间空房，施工单位在这里制作了一些重点区域和部位的样板间，各方实地参观后基本达成适当提高装修标准和档次、以保证援建效果的共识。

二是我建议作为管理创新举措试行的“多方参与、各司其职、监管有力”的主材联合封样及考察厂家制度，此前援外工程建设中无先例可循，如何保证该举措的实施效果面临质疑和挑战。为达成基本共识，我向上级领导提出书面建议，力证其必要性，同时请施工监理企业搜集国内重大工程主材联合封样的成功经验和案例供参考，并制度先行，研究出台联合封样的操作办法，明确设计、施工、监理三方的职责分工。参建各方先后分 6 个批次对 120 多种主材进行了联合封样，对木门、家具、同传设备等多个生产厂家进行了实地考察。厂家考察工作总体顺利，我和设计方、监理方对经考察不合格的生产厂家拥有否决权，对经考察合格的生产厂家是否最终选用，则完全由施工方自行决定。

大家常说，有一种速度，叫中国速度。有一种奇迹，叫中国奇迹。非盟会议中心办公楼主体结构施工达到 7 天一层，与同类项目国内施工速度相差不大。约 5.2 万 m^2 建筑和 11.2 万 m^2 室外工程的施工，以及全部设备的调试及试运行在两年半时间内完成。时任非盟委员会副主席姆温查多次公开表示，项目施工速度之快“不可思议”。当地百姓把非盟会议中心项目的建设速度誉为“光速”。这有赖于施工企业中国建筑股份有限公司的精心组织、中国技术人员的辛勤付出、项目各方的共同努力、组织上的关心和鼓励。

中国建筑股份有限公司指定第八工程局天津分公司具体实施非盟会议中心。中建八局号称“铁军”，敢打硬仗、能打硬仗，但施工初期存在指挥链条长的问题，在我的建议和推动下，中国建筑股份有限公司成立由集团公司副总经理领衔的领导协调小组统一负责项目建设，商务部援外司和国际经济合作事务局成立督办协调小组，建立快速反应机制。中方技术人员、设计代表和施工监理工程师克服当地海拔高、长期超负荷工作等困难，经常全员加班加点，甚至“三班倒”。记得幕墙安装时，两个中国工人一组站在悬吊建筑物外数十米高的手动吊篮里进行电焊，手动吊篮多达几十只，很是壮观。为抢赶工期，工人们突破晚上不高空作业的常规，每天晚上加班到近 12 点。数十只电焊枪发出的火花在黑夜里不断闪烁，汇成一道亮丽的风景，许多当地百姓晚上会聚拢到工地周边争相围观。我国驻埃塞使馆也非常关注项目建设进度，时任驻埃塞大使顾小杰、经商参赞钱兆钢等曾专程给工地送来许多猪肉，为工人们加油鼓劲。

在我看来，非盟会议中心这座建筑具有以下多方面的重要意义：

1. 她是继坦赞铁路后，我国为非洲援建的又一个重大标志性工程和历史性项目，是中非传统友谊和新时期合作的里程碑，也是中非长期友好、中非人民相互支持和相互帮助的又一个重要象征和新的典范。

2. 她是中国负责任大国形象和中国特色援助发展道路的体现。

3. 她是非洲复兴崛起的标志，代表着非洲日益走向现代化的形象，她重新点燃了非洲人民对非洲未来的希望，使非洲国家更加自信、团结去争取持久和平、稳定和繁荣。

4. 她是参建各方和中国工程技术人员集体智慧和心血的结晶，在她身上再次体现了“中国质量、中国速度”。

5. 她凝结着我个人的心血和汗水，是我一生中的重要作品、我的一个“孩子”，也像我的一个“家”。

陈宁访谈

问：非盟会议中心这座现代化的新建筑，为当地带来了怎样的新形象和新面貌？有何影响力？

陈：非盟会议中心是继坦赞铁路之后，中国在非洲最大的援建项目，总投资近8亿元人民币，占地13.2公顷，总建筑面积5.1万m^2。办公塔楼总高113m，共20层，会议中心设施主体为裙楼，高38m，包括2500人大会议厅、中会议厅、若干小型会议室。

陈宁

驻非盟使团合作交流处参赞

非盟会议中心由同济大学建筑设计研究院设计，中国建筑股份有限公司施工，于2009年2月26日开工建设。在商务部大力督导和中建公司、同济大学建筑设计研究院的全力投入下，非盟会议中心于2012年1月正式落成并交付使用，确保非盟第18届首脑会议顺利召开。兑现了中国国家领导人对非洲的承诺，构建了中非合作的新平台，树立了新时期中非友谊的丰碑。

非盟会议中心位于埃塞俄比亚首都的斯亚贝巴。这里不仅是埃塞俄比亚政治、经济、文化中心，也是非洲外交舞台中心，有“非洲政治首都”之称，驻有约120个使馆和国际机构。非盟会议中心以其独特的设计、高效的施工和卓越的质量，已成为当地乃至东非地区地标性建筑，是非洲的“联合国大厦”。充分展现了中国高效组织能力、高超建筑水平和高度负责精神，极大彰显了“中国援建”在非洲大陆和非洲其他合作伙伴中的品牌效应，再一次体现了中国对非洲的深厚友谊。

应非盟方请求，中方在援建非盟会议中心基础上，自2012年起与非盟方连续开展每期两年的三期技术合作，帮助非盟方管理好、维护好、使用好非盟会议中心，充分体现了中国援外工作有始有终，体现了中国的大国责任与担当。

问：非盟会议中心的建成，对于中方深化与非盟方和非洲的务实合作有怎样的意义？

陈：2015 年 12 月，中国国家主席习近平在出席中非合作论坛约翰内斯堡峰会开幕式并发表致辞时指出："中国援建的坦赞铁路和非盟会议中心成为中非友谊的丰碑"，对非盟会议中心给予高度肯定，指明了非盟会议中心在中非友好关系中的特殊意义。

非盟会议中心是 2006 年 11 月时任中国国家主席胡锦涛在中非合作论坛北京峰会上宣布的中国政府援非"八项举措"之一，是中国继坦赞铁路之后，在非洲最大援建项目。非盟会议中心是中非命运共同体的生动展现，体现了中国支持非洲谋求自主可持续发展，与非洲始终风雨同舟、相互支持的坚定立场。

中方将在非盟会议中心项目基础上，积极与非盟合作，秉持真实亲诚对非政策理念和正确义利观，积极推进"一带一路"合作倡议和非洲《2063 年议程》紧密对接，具体落实中非"十大合作计划"，助力非洲发展，与非洲携手开启中非合作共赢、共同发展的新时代。

非盟会议中心展现出的独特设计、施工效率和卓越品质，为承担项目设计的同济大学建筑设计研究院和项目建设的中建公司，在埃塞俄比亚乃至整个非洲树立了良好形象。

范塔洪访谈

Q：From your point of view, as AU projects coordinator, what are your comments on the new conference center and office tower ?

问：作为非盟项目协调员，您对非盟会议中心及办公大楼有何评价?

F：This modern complex is granted by the Government of the People's Republic of China as a gift to Africa. The Building is designed by Tongji Design Institute, which is very impressive and characterized by the State of art technology. The New Conference Complex has different conference facilities, including the Main Hall with 2500 seats and many other multi-functional as well as conference halls with different levels of seating capacities. The Office Tower is designed to accommodate about 650 office spaces. The site is designated to have beautiful gardens with squares, adorned with indigenous trees and flowers. Member States of the African Union and others including their leaders, have repeatedly expressed their admiration and satisfaction with the design, beauty and convenience of the Complex. While highly appreciating, the Commission of the African Union avails itself of this opportunity to renew to Tongji Design Institute of the Tongji University, Shanghai, People's Republic of China the assurances of its highest consideration.

范：非盟会议中心及办公大楼是一幢现代化的建筑综合体，它是中华人民共和国政府赠予非洲的珍贵礼物。这幢建筑由同济大学建筑设计研究院承担设计，令人印象深刻，同时也运用了最先进技术和工艺。会议中心包含了不同的会议设施，中央为 2500 人的大会议厅，其周围环绕着多个多功能会议厅，可设置不同数量的坐席。办公大楼可容纳约 650 个办公座席。基地规划有美丽的花园和广场，种植着本地树种及花卉。非盟成员国与其他国家领导人，均屡次赞赏这座建筑的设计，对其美观性与功能便利性非常满意。非盟委员会借此机会表达对中国、对上海同济大学建筑设计研究院的最高敬意。

Q：What kind of contributions do you think this project has made to African Union and the city ?

问：您认为非盟会议中心项目对非盟和亚的斯亚贝巴作出了怎样的贡献?

F：The New AU Headquarters Building is 113 meters high, making it the tallest building in Ethiopia, adding a magnificent image and beauty to the city of Addis Ababa, the Diplomatic Capital of Africa. With its magnificent design feature the New Complex has provided a convenient condition for smooth operation of the African Union with appropriate functional disposition. The facility has already become a show case for learning of modern architecture in the development of new buildings technology. The

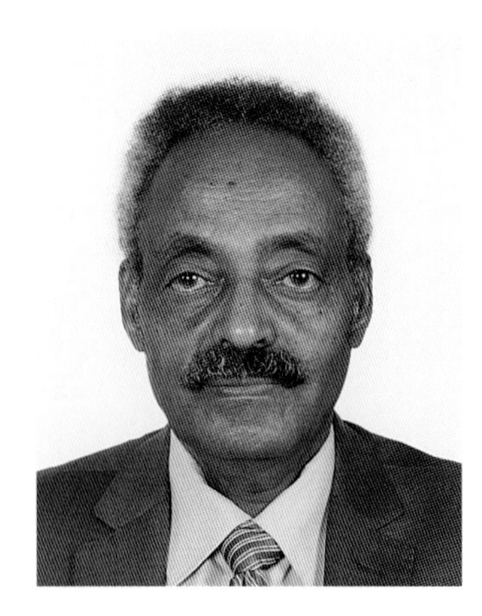

Ambassador Dr. Fantahun Haile Michael
范塔洪
AU Project Coordinator and Manager
非盟会议中心项目非盟方协调官及项目经理

conference centre has already become the center of attraction for many regional and international conferences, meetings and events while adding a great value to the growth of conference tourism. The Complex has already become a learning place for many Universities of Ethiopia by sending their students from faculty of technology, and has become a model for growing modern high rising buildings in Ethiopia. Technically, the New Complex with its state of art architectural value and features will continue to testify the excellent creativity and professionalism exhibited by the Tongji Design Institute and will serve as a source of learning and inspiration in advancing new skills and technology in the field.

范：新的非盟会议中心及办公大楼高达 113m，成为埃塞俄比亚的最高建筑物，为亚的斯亚贝巴增添了一处伟大而瑰丽的图景。建筑不仅独具艺术特色，还具备合理的功能配置，为非盟的日常工作便利性提供了保障。其中的各种设施已成为了埃塞俄比亚建筑新技术发展过程中，学习现代建筑的展示窗口。目前，非盟会议中心已作为许多区域性、国际性的会议及重要活动的举办中心，同时也为会议旅游的发展增添了巨大价值。作为埃塞俄比亚发展现代高层建筑的典范，它也成为了埃塞俄比亚许多大学工程技术领域学子们的学习场所。从技术上讲，这座具有建筑艺术价值和特色的新建筑，将继续作为展示同济大学建筑设计研究院卓越创造力和专业精神的见证，并推动领域内对于新技术的启迪与学习。

Q：As you mentioned, the building is a gift of China. Would you explain the significance of this gift to the relation and friendship between Africa and China?

问：您提到这座建筑是来自中国的礼物，能阐述一下它对于中非之间关系和友谊所代表的意义吗？

F：The construction of the New African Union Conference and Office Complex, represents the longtime friendship between China and Africa, cherishing and respecting the true partnership of Africa and China. It has raised the image and significance of Africa as an important and active player on international stage, and has inspired the expansion of the Africa-China relations in multi-dimensional sectors, and has further laid a strong foundation for strengthening of FOCAC (Forum for China Africa Cooperation). It will continue to symbolize the ever growing historical relationship and partnership between Africa and China in working closely for common interest.

范：新的非盟会议中心和办公综合体的建造，代表了中国和非洲之间的长久友谊，代表了对中非伙伴关系的珍视与尊重。非洲在国际舞台上成为越来越重要而积极的参与者，非盟大楼正是对这种形象和意义的提升。同时，它激发了中非关系在多维领域的扩展，为进一步加强中非合作论坛(FOCAC)奠定了坚实基础。中非之间将继续为共同利益保持密切合作，非盟会议中心将作为双方持续进步的历史关系及伙伴关系的坚定象征。

海路访谈

Q: During the design and construction of the African Union Conference Center, how do you evaluate the cooperation between AU and Tongji design team?

问：非盟会议中心项目的设计和建设过程中，您对非盟方与同济团队的合作有怎样的评价？

H: It was a great privilege to work with and be part of Tongji Design Team when we implemented the magnificent African Union Conference and Offices Complex starting from its inception stageup to its successful completion.We were working as a team and we all were concerned more about how this a landmark complex representing the whole African Continent could be completed with high quality standard as well as keeping its deadline by fulfilling all the requirements of the African Union.

We were corresponding on a daily basis through emails, telephone conversations, memos, meetings between the AU and Tongji Team members with full of support on both sides to realize the project.

The Team spirit was very great and all team members were striving to work hard even beyond the normal working days and hours to get things done on time.

海：我们很荣幸从最初的方案设计阶段到最终的顺利竣工都能与同济大学建筑设计研究院的团队合作，成为项目工作团队的一员，并一同完成了非盟会议中心项目。作为一个工作团队，我们非常关心如何使这座代表整个非洲的地标性建筑高质量、高标准地完成并满足非盟方所有要求，同时满足工期的要求。我们每天都通过电子邮件、电话交谈、备忘录和会议的形式与非盟委员会及同济团队成员沟通，并在双方的支持下完成了这个项目。团队精神非常棒，所有的团队成员都在努力工作，即使超出了正常的工作时间也坚持按时完成工作。

Yemisrach Hailu Zewdie
海路
Practicing Professional Architect, Chief of Estates Developmentof AU, AU Project Technical Coordinator
职业建筑师
非盟房产开发部主管
非盟方技术协调官

Q: From your point of view, what's the challenge in the design of the African Union Conference Center ?

问：您认为非盟会议中心项目在设计上的挑战是什么？

H: From my point of view, the challenge might be the high-end technical requirements of the African Union which was demanding from time to time depending on some unforeseen circumstances. However, despite all this challenges,most of the issues were properly resolved through a team spirt of the two parties. Comparatively, most risks and challenges were addressed on time before any impact is happened to the overall progress of the project.

海：从我的观点来看，挑战可能在于非盟的高端技术要求，并且这些要求不时地由于一些不可预见的因素而变化。尽管存在这些挑战，但大多数问题都能通过双方的团队精神妥善处理，大多数风险和挑战都在项目的整体进展受到影响之前及时得到解决。

Q：Whether the design of the African Union Conference Center is fully meet the need of AU ?

问：您非盟会议中心的设计是否充分满足了非盟方的需求?

H：More than 90% of the requirements of the African Union was fully met while the remaining percentage were handled after post occupancy of the complex. Generally, I can say that the African Union Conference Center has fully met the need and expectation of the African Union as anticipated.

海：90% 以上的非盟方要求已得到满足，而剩下的部分也在后续使用的过程中，根据使用情况进行了调整和处理。总体来说，非盟会议中心完全满足了非盟的使用需求和对新大楼的期待。

Q：What's the significance on the communication of architectural engineering and technology between Chinese and African for the completion of the African Union Conference Center? ?

问：非盟会议中心的建成对于中国和非洲建筑工程与技术交流有怎样的意义?

H：There was a great significance on the standards and usage of Architectural and Engineering Technology which has brought new knowledge to all Technical Team members of the African Union and other users of the Complex. The Facility is equipped with a state of the Art technologies and with high end finishing materials.

海：非盟会议中心项目在建筑和工程技术的标准和应用方面具有重要意义，它为非盟技术团队的所有成员和该建筑的其他用户带来了许多新认识。这个项目实现了领先的建筑技术和非常高的建筑艺术水准。

泽勒克访谈

Q：What's the challenge in design of the African Union Conference Center project from your point of view?

问：您认为非盟会议中心项目在设计上的挑战是什么？

Z：The main challenge I would say is the high expectations due to its significance as a building representing the entire continent and the relations between Africa and China. The complexity of the conference hall requirements especially the special arrangement required for the head of states seating and the need to organize for various meeting spaces is also another challenge.

泽：我认为设计面临的主要挑战是满足中非社会对项目的高期待，因为它代表着非洲大陆，也代表着中非关系。另一个挑战则是会议大厅需求的复杂性，特别是国家元首的席位安排以及各种会议空间的组织。

Q：As the representative of the local architect, how do you evaluate the building of the African Union conference center?

问：作为埃塞俄比亚建筑师代表，您如何评价非盟会议中心这座建筑？

Z：I think it has met its expectations. The design and construction has set a new standard for the city. The project has already become a land mark.

泽：我认为非盟会议中心很好地实现了对它的期望。其设计和施工为这座城市树立了一个新的标准，并且成为了一个地标。

Q：What's your vision for the communication between Chinese and Ethiopian architecture in the future?

问：您对未来中国与埃塞俄比亚建筑领域交流的展望是什么？

Z：The new African Union Conference Center is a contemporary architecture. The trend in general today, I would say in both countries, shall take this line of development; that is, employing modern materials and building local. By local I mean an architecture that responds to the local climate and way of life. The majority of the current construction uses materials imported from China. There is no doubt this communication shall take various dimensions as time progresses and should see more influences on both sides.

泽：非盟会议中心是一座当代建筑。当今，无论在埃塞俄比亚还是中国，都存在这样的趋势，即采用现代材料建造地域性建筑。关于地域性，我指的是建筑需对当地的气候和生活方式有所响应。目前大量埃塞俄比亚当地项目从中国进口建筑材料。无疑，随着时间推移，这种互通将会在更多种的维度发生，并将对双方都产生更多的影响。

Zeleke Belay
泽勒克
Consultant Architect
非盟会议中心项目建筑顾问
技术团队成员

柴裴义访谈

问：您能否概述下援外项目的性质、特点、实施过程中的难点以及需要注意的问题？

柴：我国很多建筑设计院都参与过援外项目，在非盟会议中心项目之前，援外项目都是以“一对一”的方式进行——即我国对某个国家、某个特定项目的援助，且规模较小，功能相对简单。由于是海外工程，国内在控制与把握方面受限较大，故设计上倾向于采用比较成熟、相对而言也较为保守的模式，比如基本为多层建筑，避免采用高层建筑，造型尽量简单，减少技术复杂性。在建成后的维护与保养上，也会相对简单些。因为援外无小事，技术上一旦出现问题，就是大事，可能涉及政治与外交事务。综合各种因素，故之前的援外项目设计都相对保守。

问：非盟会议中心项目是规模大、功能复杂、技术要求高的标志性援外项目，您能就其完成情况作一下技术点评吗？

柴：非盟会议中心项目是我国援助整个非洲地区的非盟总部项目，与过去的援外项目有许多不同之处：其规模很大，有办公塔楼和巨型的会议中心，并且在体量和造型控制上，组合了圆弧、曲线、高低错落等复杂手法，设计难度较大。作为我国援助非洲项目中，规模和投资最大，同时也是设计难度最大的项目，同济大学建筑设计研究院很好地把握了这个机会，把项目完成得非常好，主要体现在以下几点：

首先，建成后的非盟会议中心造型非常具有感染力和渲染力，高层写字楼恣意挺拔，圆形会议中心作为核心，周边围绕着中庭环廊，外围则布置各类会议室及会议辅助设施，形成了聚向性、螺旋形的非对称式平面，它没有标准断面和标准平面，故不仅造型新颖，设计和施工难度也较大。

除此之外，屋顶的排水与防水都进行了十分精确的设计和把握，采用了虹吸排水方案。在材料上，大部分都是钢、铝合金与玻璃的直接交接。利用打胶的方式处理各部分材料之间的交接关系，这种做法难度很大，实施前我们提出过担忧，但最后完成效果很完美。

建成后的非盟会议中心得到了非洲各国政要和人民的广泛好评，也得到国内建筑业同行很高的评价。非盟会议中心项目完全称得上是我国援外项目“集大成”的里程碑式项目，祝贺同济大学建筑设计研究院把这项设计任务执行得很圆满。

问：近年来，中国建筑师越来越多地走向海外进行创作实践，其中的机遇和挑战分别表现在哪些方面？

柴：中国建筑师走向海外，是多年来的梦想，其中一部分属于国际投资类项目，还有通过在国际上夺得奖项等方式，除此之外很大一部分是援外项目。中国建筑师一直努力走出国门、走向世界、走向非洲和东南亚。我们在受援国留下了很多优秀的作品，为国争光，形成了很好的政治和外交影响。今后，这样的项目和机会还会有很多，我国的建筑师一定要很好地抓住机遇，将最好的设计、最高标准的建筑呈现给受援国、呈现给世界。我认为非盟会议中心项目很好地做到了这点。

柴裴义
全国工程勘察设计大师
教授级高级工程师
北京市建筑设计研究院有限公司顾问总建筑师

伍江访谈

问：您曾经到访过埃塞俄比亚首都亚的斯亚贝巴，这座城市给您留下了怎样的印象？能否谈下对非洲国家城市未来发展的展望？

伍：亚的斯亚贝巴是埃塞俄比亚首都，也是非盟总部。同大部分非洲国家首都一样，亚的斯亚贝巴比起发达国家城市和中国城市而言，仍相当落后。即使非常中心的市区，城市景观也显得十分落后。但和其他大部分非洲城市相比，亚的斯亚贝巴又是最有发展活力的城市之一。在亚的斯亚贝巴到处可见建筑工地，一派欣欣向荣的建设景象。

和大部分非洲国家不同，埃塞俄比亚没有经历过真正的殖民统治，这使得埃塞俄比亚人具有天然的自豪感和自信心。但也许是这个原因，亚的斯亚贝巴很少见到许多非洲后殖民地城市在西方殖民时期留下的较为现代化（西化）的高品质城区。从许多建筑工地看来，大部分施工技术与工艺还相当落后，可能是少有地震的缘故，大部分建筑结构都相当单薄简陋。倒是由中国援建的刚刚启用的高架轨交线，看上去施工考究、质量上乘。埃塞俄比亚的现有法律不允许外国建造商进入本地人投资的住宅建设领域，造成像中国这样的高品质建造无法为当地住宅建筑造福。

埃塞俄比亚历史悠久，有丰厚的文化底蕴，又长期未受战争和动乱干扰，经济社会发展平稳，为城市的繁荣发展奠定了很好社会经济基础，可望成为非洲经济社会发展的重要“领头羊”之一。就整个非洲大陆而言，长期殖民统治留下了经济社会发展滞后、建设水平落后的现状。但近年相对和平的形势，为非洲大部分国家都带来了历史上从未有过的发展机遇，相对稳定的经济发展刺激了非洲的快速城市化进程，相对贫困的生活水平又带来了更加迫切的建设需求。而中国近30年的快速发展所积累的经验，特别是城市建设方面的经验与技术，应该为非洲发展带来积极而有效的帮助。

问：非盟会议中心建成后在非洲大陆影响巨大，您对这个项目的建筑设计有何评价？您认为中国的建筑设计力量在非洲会扮演什么样的角色？未来的趋势会如何？

伍江
同济大学常务副校长
建筑学博士、教授
国家一级注册建筑师
法国建筑科学院院士

伍：非盟会议中心是一个非常成功的案例。首先是政治影响巨大。作为非盟总部的会议中心，不仅要持续接待来自非洲各国的政治经济精英，也是非洲向全世界开展自助主外交和展示非洲形象的重要窗口。其次是其高品质的建设质量向全世界全面展示了中国的建造工艺、建设标准和建筑水准。我从多位非洲朋友那里听到他们的由衷赞美，也在不少西方发达国家友人那里听到赞赏。第三，它让正在积极走向世界舞台的中国建筑师有了一次重量级的展示机会。相对中国的建筑施工行业全面走向世界建筑市场，中国建筑师在世界建筑设计市场上的影响却微乎其微，无论是规模还是重要性都几乎处于几乎被忽略的地位。从这个意义上说，非盟会议中心具有重要历史性象征作用。

我相信中国建筑师一定会因为非盟会议中心而获得在非洲国家的地位，并由此带动更多的中国建筑师走向非洲，从而使非洲成为中国建筑师的重要国际舞台。

问：中国政府倡导的“一带一路”大战略，为同济大学走向海外提供了怎样的机遇？

伍：“一带一路”战略为新时代中国参与国际经济、社会和文化合作描绘了新的大格局，为新时代的国际合作共赢、共建世界人类命运共同体提供了重要路径，也为同济大学进一步开展国际交流、推动学校的国际化办学开拓了新的空间。相信在“一带一路”战略的大旗下，同济大学的国际化办学水平一定会有新的提高，中国教育、文化与科技的对外交流空间一定会获得新的拓展。当然，中国的建筑师也一定会越来越多地走向世界建筑设计市场。毕竟，比起资本输出和技术输出，文化输出更难、更重要。当然，当中国建筑师有机会走向世界，中国有机会向世界输出文化的时候，我们应该向世界输出的究竟是什么？是输出中国建筑形式的符号，让“中国式”建筑遍布世界，甚至让中国当代建筑的所有弊端走向世界？还是面对当今世界建筑面临的各类挑战，展示出中华民族的应对智慧？或者换言之，为当代世界建筑的新发展做出中国的特殊贡献？这是正在走向世界的中国建筑师所必须回答的问题。

任力之访谈

问：2007 年 6 月，您带领同济大学建筑设计研究院的团队在非盟会议中心项目竞标中获胜，成功获得了设计资格，那是一段怎样的经历？非盟会议中心建成前后，亚的斯亚贝巴发生了怎样的变化？

任：2007 年非盟会议中心项目开始进行招标，起初同济大学建筑设计研究院并无援外设计资质，所以没有参与投标。在招标过程中，商务部考虑到项目的重要性和影响力，为了广泛吸引更多优秀的设计方案，故决定适当放宽参与团队的资质，扩大征集方案的范围。在这样的背景下，我们的团队正式参与项目投标。经过三轮激烈的竞争，最终我们的方案得到了商务部与非盟委员会的共同认可，在众多强劲的对手中脱颖而出。2007 年 6 月方案中标，一个月后，非盟委员会便邀请我们在非盟第九届首脑会议开幕式上，向在场 40 多位成员国首脑及领导人介绍设计方案。当时，同济大学建筑设计研究院组成了代表团，经过认真细致的准备，所汇报的方案得到了一致称赞。之后，团队开始全面地着手进行后续工作。回顾这段过程，经历了许多里程碑事件，成为了一段十分难忘的经历。

从 2007 年至今的十年间，亚的斯亚贝巴发生了翻天覆地的变化。记得我首次抵达埃塞俄比亚进行项目考察时，所见的场景与现在截然不同：即使作为首都，亚的斯亚贝巴也缺乏现代化的道路系统和交通规划。到了夜间，由于路灯的稀缺，城市十分昏暗。同时，人民的生活水平和居住状态也处于落后的状态，街道和房屋没有门牌号码，投递的物品及信件只能集中存放于邮局。时至今日，亚的斯亚贝巴呈现出了崭新的面貌：城市中修建了干净整洁的现代化道路，红绿灯系统已经设置，并引入了许多先进的设施，在城市的核心位置可以看到中国援建的轻轨。2007 年至今，埃塞俄比亚连续十年保持两位数的经济增长，进入了高速发展期，堪称非洲的经济奇迹。

任力之
非盟会议中心设计总负责人
同济大学建筑设计研究院(集团)有限公司副总裁、集团总建筑师、建筑设计二院院长（兼）

问：作为具有国际影响力的重要援外项目，非盟会议中心项目具有哪些特点与难点？面对遥远国度诸多未知的情况，为了最好地完成任务，项目团队做了哪些方面的努力？

任：非盟会议中心项目拥有其特殊性和重要性：援外项目在造价控制上有非常高的要求，其审批流程非常复杂。在国家层面上，它需要向世界展现中国建筑设计和施工管理的最高水准。从 2007 年到 2012 年，共 5 年的设计和建造过程中，由于时间跨度大，功能上经历了不断调整，满足使用需求的同时，需要对建设时间和经费上进行控制。在与非盟方和商务部的沟通、汇报过程中，我们尽可能完整地理解并实现各方需求。这些对于团队都是很大的考验，我们在多方协调工作中付出了不懈努力。

在设计层面上，投标初期，我与团队中的大部分人对非洲大陆并不熟悉，对于项目的理解也并不是很深入。许多国人对于非洲的理解可能过于单一和概念化，事实上非洲是一个充满多样性的大陆，不同国家经济发展水平差距很大，有的地区非常贫穷，有的地区则相对富裕。对非洲与非盟进行考察后，真正了解到非盟组织对于非洲国家的重要性，也了解到中国在非洲的影响力。在非洲人民心中，中国拥有非常好的形象。

设计初期提交的方案中，更多延续了以往国内大型会议中心的设计模式，但非盟方希望更多地结合地域和文化上的期求。在他们的心目中，这座崭新的非盟会议中心展示了非洲未来的发展。首先，它不应是单纯意义上传统文化的再现，而应该体现现代性；其次，它的形象应当是非洲人民喜爱和容易引起共鸣的形式，并不过于深奥或学术化。

为了最大程度地理解与实现非盟方的期许，我们与许多同济大学的非洲留学生进行了交流，将过程方案向他们介绍，欢迎他们从不同角度提出意见与建议。非洲留学生们希望这座建筑造型能够结合非洲人民的审美偏好，更加生动。最终方案得到了非盟委员会与国内主管单位商务部的认可。我也曾经考虑在建筑上更显著地展示中国文化元素的可能性，但最终放弃。一方面考虑到部分海外政治家们警惕于中国在非洲的巨大影响力，另一方面，在非洲国家的政治舞台上过多地直接渲染非洲以外国家的文化，也似乎不妥。“非盟总部”的特殊语境，让我真实地体会到符号学里的“能指”（Signifier）与“所指”（Signified）所蕴含的建筑学意义。

在实施过程中，由于建设地在遥远的非洲，施工与原材料供应条件并不是很好，同时涉及非常多的部门。整个过程得到了商务部和非盟方强有力的支持，为项目做了大量前期与后期的协调工作，进出口环节得到了海关方面很好的配合，保证货物能及时运抵现场。商务部设置了现场协调委员，对设计和施工予以高度支持。如果离开这些支持，所遇问题克服起来将十分困难。

设计与施工方的配合起初并不十分顺利，设计层面需要通过不断的调整以反映需求变化，而施工方则更希望尽早且顺利地完成施工。在成本控制上，施工方希望设计效果与所选材料的造价之间能取得一定的平衡。在各方相互理解、尊重的基础上，通过不断磨合、讨论，最后达成一致，竣工后效果十分理想。2012 年初项目交付时，各方对建设成果均表达高度评价，称赞其为“中国援外标杆性的项目”。

问：作为非盟会议中心项目的设计总负责人，您与团队是怎样进行配合的？非盟会议中心项目顺利落成后，是否带来了新的合作机会？

任：从方案投标到建成，参与团队十分庞大，包含建筑、结构、机电、室内、景观、幕墙、声学、灯光、概预算及勘察等，团队的每一位成员都以非常积极的状态投入。在方案前期，团队收集了大量场地情况的相关材料，做了非常多前期方案的研究与推敲。方案创作小组的所有成员都参与评判方案的合理性、讨论方向的可能性。

在方案后期，由于项目体量和内容的复杂性，我们将建筑整体分为多个部分，包括高层区域、中央 2500 座大会议厅、中小型会议厅、公共空间等，每个区域都由专门的小组负责深入。在方案深入过程中，不同小组将所遇重点与难点提交出来。作为项目设计总负责人，每个区域和所有重要细节，我都会参与讨论与进行决策。虽然由于各方面的权衡，并不是所有决策最后都能付诸实施，但从设计层面来说，团队提交的所有内容都是经过审慎研究的。这样的工作模式最终被证明十分有效：它确保了项目整体思路的把控方向，确保了建筑整体语汇的完整性。通过不断地肯定与否定，最终成果无论从任何视角来审视，都经得起推敲。非盟会议中心项目一期圆满落成后，目前同济大学建筑设计研究院正在配合二期工程的建设。由于项目一期的实施效果得到了广泛认可，许多参与项目建设的单位、企业和团队，如施工总包及分包企业、承建商等，都因此获得许多新的合作契机。对于同济大学建筑设计研究院来说，我们需要充分利用非盟会议中心建成的强大品牌效应，同时结合国家倡导的“一带一路”战略，把目光聚焦在非洲和一些延伸的海外机会上，继续开展新的工作，这是目前我们正在思考的主要发展方向。

问：非盟会议中心项目的意义是国家层面乃至世界级的，也让世人看到了中国设计、中国建造的实力。您如何看待中国建筑师走向海外这一趋势？您对于建筑领域全球化和本土性之间的看法是什么？

任：随着全球化的发展，中国建筑师走向海外已是大势所趋。过去几十年中，中国建筑师走向海外大多是国家层面的政府援助，而非市场行为。我认为随着国力的增强、经济的发展和国际影响力的提高，今后它更多地会转化为商业与文化行为。中国的文化和设计力量逐渐被世界所熟知，建筑师不断受到邀请进行海外创作。从 20 世纪 50 年代至今，一批中国优秀的建筑师已经在海外积累了许多优秀的实践作品，这是值得高兴的现象。中国建筑师不断获得国际大奖，比如普利茨克奖、阿尔瓦·阿尔托奖等。国际建筑界的认可，不论是从文化上还是心态上，对中国建筑师走向世界来说都是很好的契机，起了很好的推动和鼓舞作用。

对全球化的理解有物质与思想两个层面，物质层面的全球化提供了中国建筑师走向世界的平台。思想层面的全球化则与文化相关，实际上是以不同方式构建地方性的过程，且更加彰显不同文化的边界与多样性特点。建筑介于文化与自然之间，其独特性在于很大程度上涉及与自然的关系。建筑的全球化应该是“自下而上”，使本土性或地方性的优点和属性得到前所未有的解放，而非相反。

视角与历程
VIEWS AND PROGRESS

AFRICAN UNION
الاتحاد الأفريقي

UNION AFRICAINE
UNIÃO AFRICANA

Addis Ababa, ETHIOPIA P. O. Box 3243 Tele : 011-551 7700 Fax : 011-551 7844
website : www. africa-union.org

To : Architectural Design & Research Institute of
Tongji University of PRC
Shanghai, China

EXPRESSION OF APPRECIATION

Based on the four agreements on Economic and Technical Cooperation signed by the Government of the People's Republic of China and the Commission of the African Union, the new African Union Headquarter (African Union Conference Center as original project name) was completed on 26 December 2011.

28 January 2012, we had the first time the AU Summit in the new conference center. Indeed, it was a grand opening ceremony of this exciting architecture-complex. In the ceremony, the Chairperson and the Deputy Chairperson of the AU Commission expressed their deep satisfaction with the new Headquarters.

It is now over one year since the opening ceremony in 2012. Most staff of the AU Commission has been moved into the new office tower. The working environment and the conference functions have obviously been improved at the new Headquarters. The building provides a pleasant atmosphere to the staffs and deep impressions to our guests and visitors.

We would like to appreciate the design team of **Architectural Design & Research Institute of Tongji University of People's Republic of China** for the great effort they devoted in this project.

Commission of the African Union
05 May 2013

Certificate of Appreciation

The African Union Commission Awards this Certificate to

Architectural Design & Research Institute of Tongji University Co. Ltd.

in recognition and appreciation of the remarkable contribution
made to the successful completion of
the African Union Conference Center Office Complex

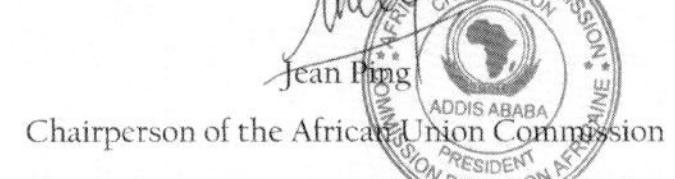

Addis-Ababa, Ethiopia
January 2012

Jean Ping
Chairperson of the African Union Commission

Certificate of Appreciation

The African Union Commission Awards this Certificate to

Mr. Ren Lizhi

in recognition and appreciation of the remarkable contribution
made to the successful completion of
the African Union Conference Center Office Complex

Addis-Ababa, Ethiopia
January 2012

Jean Ping
Chairperson of the African Union Commission

媒体评价

为按时、保质完工，工地在晚上仍灯火通明，很远处就能看到电焊飞溅出的火花，这让很少夜间施工的当地人感到很新鲜。项目开工两年，“中国速度”让非洲人觉得不可思议。

——《人民日报》2011 年 7 月 27 日 03 版
原标题《非盟会议中心的“中国故事”》

非洲联盟总部所在地埃塞俄比亚首都亚的斯亚贝巴在当地语言的含义为“新鲜的花朵”，就在这座美丽的城市，中国政府援建的非盟会议中心项目即将落成，一朵中非友谊与合作之花将在此绽放。它不仅对支持非洲国家联合自强、推进一体化进程意义重大，而且将成为中非务实合作的又一座丰碑。

——《人民日报》2012 年 1 月 26 日

远远望去，它如停驻在亚的斯亚贝巴上空的一艘巨型太空船。

—— 英国《金融时报》

从开始设计到大楼建成，任力之与他的团队为非盟会议中心项目工作了 5 年。按商务部的要求，这一工程必须代表中国的管理、设计、施工、技术的最高水准。为了确保其展现在世界面前的形象，团队骨干压力很大，每个人都必须集中精力在这个项目上。任力之形容说：“付出很多，对自己个人影响也很大。”最明显的影响是，因为只能专注于这一项目，这 5 年中，团队成员的收入都相应减少了。团队中，还有 9 人次的工程师，必须待在埃塞俄比亚建筑工地。建造大楼的工人许多也来自中国。2011 年，赴埃塞俄比亚采访的中国国际广播电台记者在非盟大楼的工地上遇到一位名叫苏红的钢筋工，当时这个工人最大的心愿就是项目顺利完工，这样他就能与家人团聚——他已经有两年没有回家了。不过他说：“为了国家，为了大家，为了中国人的骄傲，放弃一些东西也无所谓了”。

英国《金融时报》记者描述说，一些非盟代表参观这个漂亮的新礼物时，表情混杂了“迷惑和敬畏”；而那两天也在现场的任力之，印象最深的是非洲领导人们对这栋大楼近乎夸张的赞美与欢迎。

任力之觉得这栋大楼的援建很值得：不论这栋大楼的造价具体是多少，与中国与非洲之间一年大于 1200 亿美元的贸易额比起来，那只是一个很小的数字。一般而言，建筑在落成的时候，便不再与设计师有关系。但对任力之来说，若有机会，他还想再回埃塞俄比亚看看，听听大楼使用之后人们的感受。他希望这幢高品质的大楼能够改变世界对中国建筑的印象。

——《 青年参考 》2012 年 4 月 11 日
原标题《建成非盟总部大楼的中国人》

埃塞俄比亚首都亚的斯亚贝巴是非洲重要的政治中心，非洲最大的国际组织非洲联盟总部就坐落于此。如今，由中国援建的非盟会议中心及综合办公大楼是亚的斯亚贝巴市内最显著的地标……今天，非盟总部新办公大楼直入云霄，正中央圆形的大会议厅宛若一颗闪耀的明珠，而 U 字形建筑群寓意中非人民之手共同托起非洲未来，整个建筑既是中非友好合作的新典范，也是非洲团结崛起的新标志。

—— 国际在线消息 2015 年 2 月 13 日
原标题《走近中国援建的非盟会议中心》

自 20 世纪 50 年代以来，中国在非洲开展了大量重大基础设施援建项目，为硬件条件薄弱的非洲大陆奠定了良好的经济发展基础。中国援建的地标性项目如同一座座象征中非友谊的丰碑，赢得当地民众的赞许。其中较有代表性的，要数坦赞铁路、毛里塔尼亚友谊港和位于亚的斯亚贝巴市的非盟会议中心。

非盟会议中心项目是中方在2006年中非合作论坛北京峰会上宣布的推动中非关系发展的八项政策措施之一，是中国政府继坦赞铁路后对非洲最大的援建项目之一，被誉为中非传统友谊和新时期合作的里程碑。

—— 新华网 2015年12月10日
原标题《中国援非重要基础设施盘点：从坦赞铁路到非盟会议中心》

由中国援建的非洲联盟会议中心耸立于埃塞俄比亚首都，彰显了中国在非洲处于迅速变化中的角色。

—— 法新社 2012年1月27日
原标题《非盟总部新大楼标志着牢固的中非关系》

非盟总部大楼是目前中国在非洲最大的援建项目，是继坦赞铁路之后中非关系中又一历史性项目。

—— 英国广播公司 BBC 2012年1月29日

在埃塞俄比亚首都亚的斯亚贝巴，这座有着非洲“政治首都”之称的高原之城，一座20层高的地标性现代化建筑矗立在城市中心地带，十分引人注目。这就是中国政府无偿援建的非盟会议中心。埃塞民众和非盟官员更是亲切地将其称为“中国给非洲人民的珍贵礼物”。

每次提及这一项目，非盟高级官员、该项目的非盟专职项目协调员范塔洪总是感慨万千。范塔洪说，在项目施工的两年多时间里，他几乎是和中国施工队伍朝夕相处，从最初的轻微文化隔阂到后来的心心相印，中国建筑工人的精湛技艺和敬业精神给他留下了难以磨灭的印象。

范塔洪说，非盟会议中心设计标准高，施工技术复杂，很多技术在埃塞是第一次使用。埃塞雨季降雨量大，如果施工精度不够，主会议室的玻璃穹顶就可能漏雨。为此，中国工程师们召开了多次技术研讨会，详细制定施工方案，精心组织施工，最终完美地完成了穹顶施工。另外，亚的斯亚贝巴一年有三个月的大雨季，为了抢进度，工人们起早贪黑，加班加点更是家常便饭。高峰时期，现场有近千名中国工人和5000多名埃塞当地工人同时施工。

两国工人朝夕相处，中国工人的勤劳敬业和精湛技艺深深感染了埃塞工人，很多埃塞工人后来都成了埃塞建筑行业的精兵强将。

非盟新闻部主任哈比芭女士说，非盟会议中心极大地改善了非盟的整体形象和办公条件，广受各界好评。目前，整个非盟会议中心运转正常，已先后承办了四届非盟峰会和非盟五十周年庆等大型活动，并在这里接待了多位国际政要。

哈比芭说，非盟对中国政府雪中送炭的义举非常感激。毫无疑问，非盟会议中心将中非传统友谊提升到了新的高度。

—— 新华网 2014年9月30日
原标题《中非友谊的见证——记中国无偿援建的非盟会议中心》

African Union HQ is a symbol of cooperation. New AU headquarters shows partnership entering era of hope.

—— *Chinadaily* 2014.4.29

Surrounded by small houses with sheet iron roofs in the plateau city of Addis Ababa, capital of Ethiopia, the African Union's new headquarters has become one of the city's most conspicuous and modern buildings.

—— *Chinadaily* 2014.5.6

大事记

2007年6月

由同济大学建筑设计研究院（以下简称同济院）副总裁、总建筑师任力之领衔的设计方案经过三轮激烈的投标，最终从近30家国内知名设计单位的竞争中脱颖而出，夺得设计合同。

2007年7月

时任同济院总裁丁洁民率队前往加纳首都阿克拉，在非盟第九届首脑会议开幕式上，设计负责人任力之向在座的40多位成员国首脑、领导人介绍了非盟会议中心的设计方案。与会代表给予了很高的评价。

2007年7月7日至10日

时任非盟副主席帕特里克·马兹姆哈卡一行5人，专程来到同济大学与同济院访问，就项目的设计方案进行商谈，并达成一致意见。访问期间，时任上海市副市长唐登杰、时任同济大学党委书记周家伦、时任同济大学副校长陈小龙分别接见了代表团。

2007年7月12日

中非双方在北京签署了设计合同。

2007年8月4日至24日

受商务部委托，设计团队派组对非盟会议中心项目进行了设计专业考察。考察组一行于2007年8月4日晚抵达埃塞俄比亚首都亚的斯亚贝巴，对该项目进行了为期20天的考察活动。

2008年4月10日

完成了全套施工图、修正概算和工程量清单文件。

2008年4月12日至25日

配合商务部国际经济合作事务局，着手编制施工招标文件，并于4月30日前将招标文件发至各投标单位。

2008年10月11日

项目举行开工仪式，预计工期30个月。

2009年9月11日

时任非盟委员会主席让·平来到同济大学，观看了由同济大学建筑设计研究院负责完成的非盟会议中心设计模型及效果图，详细了解了非盟会议中心内相关视听设备的设计情况。

2010年5月22日至28日

应商务部援外司要求，设计团队主要设计人员代表与商务部援外司领导及设计监理代表组成的工作组来到非盟会议中心项目现场，与非盟方就项目设计变更及增项进行了为期5天的商谈。

2007年11月23日

商务部援外司、设计监理方中国建筑设计研究院（以下简称中建院）和同济院三方在同济大学建筑设计研究院会议室签署本项目初步设计内部审查会议纪要，通过初步设计内部审查。

2007年12月8日至15日

时任非盟副主席帕特里克·马兹姆哈卡一行10人来到同济大学，对项目的初步设计进行审查。参加审查会的有商务部援外司、中建院、同济院和非盟方。12月13日，中非双方在上海签署了“非盟会议中心项目的初步设计审查通过”备忘录。

2007年12月17日

施工图设计工作全面展开。

2008年3月17日

施工图设计文件完成并提交中建院审查。2008年3月24日，修正概算和工程量清单文件完成并提交中建院审查。

2008年3月30日至31日

商务部援外司领导、中建院专家和项目设计组各专业负责人在北京召开施工图审查会，签署了本项目施工图内部审查纪要，通过施工图内部审查。

2010年6月1日

主体结构封顶。

2010年9月16日

在时任外交部非洲司副司长曹忠明先生的陪同下，时任非洲联盟委员会副主席里亚斯塔斯·姆温查一行6人来访同济大学。时任同济大学党委书记周家伦、时任校长助理丁洁民会见了代表团一行。

2011年8月11日至12日

应非盟委员会邀请，由时任同济大学党委书记周家伦、时任校长助理胡展飞、时任校长助理兼同济院总裁丁洁民、同济院副总裁任力之等组成的工作组出访埃塞俄比亚，考察了施工中的非盟会议中心项目，听取了工程进展汇报，检查了已完工部分。

2011年12月26日

工程竣工。

2012年1月28日

非盟会议中心落成典礼仪式在非盟总部所在地埃塞俄比亚首都亚的斯亚贝巴举行。出席第18届非盟首脑会议的54个成员国领导人及代表参加了落成仪式。

项目荣誉

2009年第三届上海建筑学会建筑创作奖优秀奖
2012年CTBUH世界最佳高层建筑提名奖
2013年全国优秀工程勘察设计奖建筑工程公建一等奖
2013年教育部优秀建筑工程设计一等奖
2013年第五届上海市建筑学会建筑创作奖室内设计优秀奖
2013年CIDA中国室内设计大奖（上海）公共空间·文化空间奖
2013年教育部优秀智能化专业设计一等奖
2014年中国建筑学会优秀给水排水设计奖一等奖（公建类）
2015年中国建筑学会中国建筑设计奖（建筑给水排水）
2018年邬达克建筑文化奖
2018年中国建筑设计奖·室内设计专业一等奖

设计及参建团队

项目设计团队

设计总负责人：任力之
建筑设计：张丽萍、司徒娅、朱政涛、谢春、董建宁、汪启颖、魏丹、Patrick Lenssen、张旭等
室内设计：吴杰、李越、邰燕荣、董建宁、朱政涛、谢春、Patrick Lenssen等
景观设计：章蓉妍、高敏、高宇、段晓昆等
结构设计：丁洁民、虞终军、郑毅敏、赵昕、刘魁、周勇、巢斯
给排水设计：范舍金、杨民、秦立为、龚海宁、杨玲
暖通设计：潘涛、张智力、苏云、季汪艇、张峻毅
强电设计：钱大勋、蔡英琪、徐国彦、钱梓楠、韦建成、彭岩、胡佳旻、郝建实
弱电设计：严志峰、彭岩、包顺强、王昌、田苗、王俊石
建筑经济：杨伟鸣、许爱琴、高青、王鑫、真慧芸

项目参建团队

设计监理单位：中国建筑设计研究院
施工总包单位：中国建筑股份有限公司
施工监理单位：沈阳市工程监理咨询有限公司

参考文献

[1] Manuel Gausa. Hunch[J].The Berlage Institute, 2003, 6/7: 206.

[2] Ren Lizhi. A little help with living in the city[N/OL].CHINA DAILY: Afirica, 2015-01-02[2018-09-26].http://africa.chinadaily.com.cn/weekly/2015-01/02/content_19220875.htm?from=timeline&isappinstalled=0.

[3] African Statistical Coordination on Committee.African Statistical Yearbook 2017[R/OL].[2018-05-20].https:/s:/www.uneca.org/publications/african-statistical-yearbook-2017.

[4] 任力之等 . 矗立非洲——非盟会议中心设计 [J]. 时代建筑，2012（03）.

[5] 李武英 ."非洲屋脊"的新地标——同济大学建筑设计研究院（集团）有限公司非盟会议中心设计纪实 [N]. 建筑时报，2012-03-12（8）.

[6]（德）黑格尔 . 美学，第三卷（上）[M]. 北京：商务印书馆，2009 :34.

[7]（美）沃伦 · 罗宾斯 . 非洲艺术的语言 [J]. 世界美术，1985（03）:64.

[8] Vincent B. Canizaro. Architecture Regionalism: Collect Writings on Places, Identity, Modernity, and tradition. New York: Princeton Architectural Press, 2007.（美）文森特 · 卡尼泽诺 . 建筑地域性：场所与个性、现代与传统文集 [M] . 卢健松译 . 北京：中国建筑工业出版社，2009.

[9]（美）Kenneth Fampton. 现代建筑——一部批判的历史 [M]. 张钦楠等译 . 1 版 . 北京：生活 · 读书 · 新知三联书店，2004: 361- 362.

[10]（法）薛杰（Serge Salat）主编，郐毅译 . 可持续发展设计指南：高环境质量的建筑 [M]. 北京：清华大学出版社，2006:26.

[11]（法）弗朗索瓦 · 佩鲁：略论增长极的概念 [J]. 李仁贵译 . 经济学译丛，1988（09）.

[12] 郑毅敏，何忻炜 . 非盟会议中心大厦设计中两国抗震规范比较 [J]. 结构工程师，2010（04）.

[13] 虞终军，郑毅敏，赵昕，刘冰，巢斯 . 非盟会议中心大会议厅结构设计 [J]. 建筑结构，2008（09）.

[14] 彭岩 . 高海拔项目电源设备的选择 [J]. 现代建筑电气，2015（05）.

图书在版编目（CIP）数据

非盟会议中心 / 任力之主编 . — 北京 ：中国建筑工业出版社，2018.3
ISBN 978-7-112-21909-4

Ⅰ . ①非… Ⅱ . ①任… Ⅲ . ①中外关系－对外援助－非洲统一组织－会议展览中心－建筑设计－介绍 Ⅳ . ① TU242.1

中国版本图书馆 CIP 数据核字 (2018) 第 043522 号

责任编辑：徐明怡　郑紫嫣　徐　纺
美术编辑：陈　瑶
责任校对：王宇枢

项目照片及图纸来源：
同济大学建筑设计研究院（集团）有限公司，部分照片由吕恒中、张嗣烨拍摄

参与文章撰写及图纸绘制人员：
任力之、张丽萍、章蓉妍、吴杰、邹昊阳、刘琦、虞终军、赵昕、刘魁、杨民、彭岩、苏云

非盟会议中心
任力之　主编
*
中国建筑工业出版社出版、发行（北京海淀三里河路9号）
各地新华书店、建筑书店经销
上海雅昌艺术印刷有限公司印刷
*
开本：965×1270毫米　1/16　印张：14¾　字数：400千字
2019年1月第一版　2019年1月第一次印刷
定价：158.00元
ISBN 978-7-112-21909-4
（31828）